世界环保组织

刘芳 主编

"人与环境知识丛书"是一套科普图书，旨在通过
介绍与人类生产、生活以及生命健康密切
相关的环境问题向大众普及环境知识，
提高大众对环保问题的重视

 时代出版传媒股份有限公司
安徽文艺出版社

图书在版编目（CIP）数据

世界环保组织 / 刘芳主编. — 合肥：安徽文艺出
版社，2012.3（2024.1重印）
（时代馆书系·人与环境知识丛书）
ISBN 978-7-5396-4020-4

Ⅰ. ①世… Ⅱ. ①刘… Ⅲ. ①环境保护机构－介绍－
世界 Ⅳ. ①X32-20

中国版本图书馆 CIP 数据核字（2011）第 266749 号

世界环保组织

SHIJIE HUANBAO ZUZHI

出 版 人：朱寒冬
责任编辑：沈喜阳 　　　　　　　装帧设计：三棵树　文艺

出版发行：安徽文艺出版社　　www.awpub.com
地　　址：合肥市翡翠路 1118 号　邮政编码：230071
营 销 部：(0551)3533889
印　　制：唐山富达印务有限公司　电话：(022)69381830

开本：700×1000　1/16　　印张：10　字数：158 千字
版次：2012 年 3 月第 1 版
印次：2024 年 1 月第 3 次印刷
定价：48.00 元

前　言

　　ENGO（environmental non-governmental organization）是伴随着NGO（非政府组织 non-governmental organization）产生的缩略词，意谓非政府环保组织。严格说来，非政府环保组织是非政府组织的"子体"，因此要想清晰地界定非政府环保组织，我们就不得不对它的"母体"——非政府组织先做界定。

　　一般认为，"非政府组织"一词最初的正式使用是在1945年6月签订的联合国宪章第71款。该条款授权联合国经济社会理事会"为同那些与该理事会所管理的事务有关的非政府组织进行磋商作出适当安排"。1952年联合国经济社会理事会将非政府组织定义为"凡不是根据政府间协议建立的国际组织都可被看做非政府组织"。因此在产生之初，非政府组织主要是指国际性的民间组织。

　　随着非政府组织的发展，非政府组织这一词不再仅仅局限于国际性的非政府组织，它囊括的范围日益巨大，1996年联合国经济社会理事会通过的第31号决议进一步承认了在各国和各地区活动的非政府组织。时至今日，非政府组织涵盖了数量众多而又千差万别的机构，其涵盖的领域之广是令人难以想象的。世界银行把任何民间组织，只要它的目的是援贫济困、维护穷人利益、保护环境、提供基本社会服务或促进社区发展，都称为非政府组织。

　　简而言之，非政府组织是指独立于政府的组织，这类组织不是由国家建立，也不属于国家。非政府组织具有独特的属性：独立性、非营利性、自治性、志愿性和公益性。独立性是指非政府组织既不是政府机构的一部分，也不是由政府官员主导的董事会领导；非营利性是指非政府组织不是为它的拥有者积累利润；自治性是指非政府组织有不受外部控制的内部管理程序；志愿性是指无论是在实际开展的活动中，还是在管理组织的事务中，非政府组织均有显著程度的志愿参与；公益性是指非政府组织服务于某些公共目的和为公众奉献。

常见的非政府组织包括环境保护组织、人权团体、照顾弱势群体的社会福利团体、学术团体等等。由此可见，非政府环保组织是非政府组织的一个重要组成部分，作为非政府组织的"子体"，毋庸置疑，非政府环保组织具有非政府组织的一切特性，因此非政府环保组织是独立于政府的，是非营利性的，具有自治权，同时参与公益性的服务。但作为环保性的非政府组织，非政府环保组织又有其独特的使命：非政府环保组织是致力于环境的保护和治理的。

一、ENGO 的起源和发展

虽然本书的主旨是介绍世界各国的环保组织，但限于篇幅，我们并不一一追溯世界各国的非政府环保组织的起源，而是从总体上把握非政府环保组织的起源和发展。

1. 人道主义和慈善传统在非政府环保组织发展中的融合

虽然非政府环保组织是在过去的三十年中才越来越多地被人们提及，才日益被人们熟知，但事实上具有非政府性质的环保组织的产生却是历史深远的。一些环保组织有着相当长的历史渊源。人道主义和慈善传统与这种类型的环保组织的产生和发展有着密不可分的关系。

1895 年，为了管理美国大都市的公共动物园，纽约动物学学会成立，这是世界上最早的野生生物保护组织，后来发展成为国际野生生物保护学会。1824 年，世界上最古老的动物福利慈善机构——英国防止虐待动物协会成立，这一组织的成立就是为了倡导人道主义的爱护动物理念，制止当时盛行的斗狗、斗牛、斗鸡的活动，迄今这一非政府性组织已有 180 多年的历史。1903 年，一些在非洲的英美博物学家创立了大英帝国野生动物保护协会，后来发展成为野生动植物保护国际。

如果说最初基于人道主义传统或慈善传统建立的非政府环保组织大部分是和动物保护有关的，那么随着发展，这些基于人道主义传统或慈善传统的环保组织，要么在人道主义的传统下发展得更为壮大，要么在发展中把人道主义的传统扩展到了更广更深的领域。国际野生生物保护学会和野生动植物保护国际的发展就是很好的例子。

随着时代的前进，不仅仅是那些基于人道主义或慈善传统的非政府环保组织发展壮大，而且出现了新生的融合了人道主义和慈善传统的非政府环保组织。成立于1961年的世界自然基金会，参与环保的领域非常广，涵盖了地球的生物资源、可再生自然资源等等；成立于1967年的美国环保协会则率先尝试用法律手段进行环境保护；成立于1987年的保护国际则率先尝试了"还自然的债"的保护模式。

2. ENGO 的国际化

全球环境是一个不可分的整体，对这类机构来说，专注于拯救世界上的某一局部，而置其他角落于不顾是没有意义的。因此，正确的环境保护理念应立足于世界，而不是狭隘地把环境保护局限在一国之内，毕竟环境保护不是一国两国的事，更不是一个人两个人的事，环境保护是世界性的大事，是所有人都应当承担的一份责任。

非政府环保组织在发展中越来越意识到环境保护是全球性的环境保护，除了一些自身就是国际性的非政府环保组织之外，一些最初建立在某一国的环保组织也走出了创始国，走向世界。

成立于1961年的世界自然基金会一开始就立足于保护地球的生物资源、可再生自然资源等等，其创始之初就是国际性的非政府环保组织。1991年开始正式运作的全球环境基金是由联合国发起建立的国际环境金融机构；成立于1948年的世界自然保护联盟致力于世界的自然环境保护，是政府和非政府都能参与合作的国际性环保组织。诸如此类的国际性非政府环保组织在世界上并不少见，环境保护在过去的一个世纪中已经进入了国际化的进程。

如果说新生的非政府环保组织一开始走的就是国际化的路线，那么古老的历史悠久的非政府环保组织在发展中也一步步走向了国际化。英国防止虐待动物协会在180多年的发展历史中走出了其创始国，开始在其他国家开展项目；绿色和平组织、美国环保协会、美国自然资源保护委员会等，都已经走出了创始国，在本国内部开展环境保护的同时，也在其他国家开展了各种各样的项目。

除此之外，非政府环保组织还有其他的特点，如环保领域的多样化、区域性非政府环保组织的产生等等，我们这里就不再一一介绍。

二、ENGO 在中国的本土化

虽然这本书是介绍世界各国的环保组织，但其更深远的意义在于通过世界各国的环保组织看中国的环境保护，这并不是说我们中国就没有属于自己的组织良好的非政府环保组织。我们的最终目的还是想透过这本读物，使中国的普通民众了解世界各国的非政府性环保组织，进而增加环境保护的经验。

世界各国的非政府环保组织几乎都在中国开展项目，因为中国作为世界上最大的发展中国家，在世界环境保护中的地位举足轻重。世界自然基金会是第一个受中国政府邀请来中国开展工作的非政府环保组织，它和中国政府、地方、其他环保组织团体合作，在中国开展了各种项目，包括国宝大熊猫的保护、淡水生态系统的保护等等。世界自然保护联盟在中国设立了办事处，并吸收了中国野生动物保护协会、国家环境保护总局南京环科所等会员。绿色和平组织和中国有关部门以及环保组织合作开展气候变化、空气污染等工作。国际爱护动物基金会在中国开展野生动物保护工作。美国环保协会和中国有关部门合作开展的排污权交易和绿色出行项目都取得了良好的效果。湿地国际是第一个通过国家林业局与中国政府达成谅解备忘录而成功在中国建立办事处的国际环境保护非政府组织，它在中国设立的办事处开展了湿地多样性保护项目、水鸟保护项目以及环境教育项目。

当然通过在中国开展环境保护，融入中国本土的非政府性环境保护组织并不是只有上面所列举的；事实上世界各国的非政府环保组织在中国开展的环境保护工作很多，限于篇幅，我们这里并不一一介绍。

随着经济和社会的发展，环境问题日益凸显，人们越来越认识到单凭政府的力量无法控制环境方面的问题。在这种时代背景下，非政府环保组织作为独立于政府的组织，是环境保护领域中的重要力量，必将在环境保护领域发挥越来越大的作用。在这种情况下，对世界各国的非政府性环境保护组织的介绍是刻不容缓的。本书正是立足于此，介绍了世界各国有影响力的非政府性环境保护组织。

目　录

世界自然基金会

组织概况

世界自然基金会，简称 WWF，旧称世界野生生物基金会，1961 年 9 月 11 日成立于瑞士小镇莫尔各斯。创始人为英国著名生物学家朱立安·赫胥黎，他曾经担任联合国教科文组织第一任总干事，并帮助建立了以科学研究为主的自然保护机构——世界自然保护联盟。

1960 年，赫胥黎前往东非，担任联合国教科文组织在该地区野生动物保护活动的顾问。回到伦敦后，赫胥黎在《观察家》报上发表了三篇文章以警告英国公众。他在文章中指出，如果人类以如此的速度去破坏动物栖息地、捕杀野生动物，那么该地区的野生物种在 20 年内就会毁灭殆尽。文章发表后立即引起了轰动，公众们开始认识到自然保护是一个严峻的问题。赫胥黎收到许多公众的来信，其中包括一位名为维克多·斯托兰的商人。他在信

世界自然基金会标志

中指出可以创立一个国际组织来筹集保护自然的资金，但斯托兰称自己的身份不适合亲自创办这样的组织。赫胥黎于是和英国自然保护组织总干事、鸟

类学家马克斯·尼科尔森取得联系。1961 年，尼科尔森召集了一批科学家和公共关系专家，他们都赞同成立斯托兰所建议的基金会。

新成立的基金会计划与世界自然保护联盟携手合作，而此前世界自然保护联盟已将其总部迁到瑞士日内瓦湖北岸莫尔日的一个小镇，于是他们决定将基金会的总部也设立于此。世界自然保护联盟对其十分欢迎，在双方合作协议书上这样写道："我们将共同努力，去唤起公众的意识，让世界认识到保护大自然的重要。"

1961 年 9 月 11 日，世界自然基金会正式作为慈善团体登记注册。1970 年，荷兰伯恩哈特王子（后来担任世界自然基金会国际总部的主席）为该组织建立了一个牢固而独立的经济基础。世界自然基金会设立了 1000 万美元的基金，被称为"1001：自然信用基金"。为此 1001 个人每人捐款 1 万美元。从此，世界自然基金会国际总部便可以用这个款项的利息作为机构管理的开支。

到 20 世纪 70 年代末，世界自然基金会从一个关心濒危动物和保护动物栖息地的生态团体发展成为一个关注所有自然保护问题的世界性组织。1981 年，当爱丁堡公爵代替约翰·劳通担任世界自然基金会主席时，该组织已在世界各地拥有 100 万长期支持者。1983 年，随着自然保护邮票收集活动的展开，捐款数额迅速增加。

1986 年，世界自然基金会认识到它原有的名称"世界野生生物基金会"已无法再反映该组织的活动范围，于是将名称改为"世界自然基金会"，以表示其活动范围的扩大。组织使命也转变为制止并最终扭转地球自然环境的加速恶化，并帮助创立一个人与自然和谐共处的美好未来。

从 20 世纪 90 年代开始，世界自然基金会重新制定了其战略计划。扩大之后的战略重申了世界自然基金会自然保护的主题，并将组织的工作归划为三个独立的部分：保护地球的生物资源，保护世界生物多样性；确保可再生自然资源的可持续利用；推动减少污染和浪费性消费的行动。20 世纪 90 年代的战略还减少了世界自然基金会的主导化，以增加与当地居民的合作。

世界自然基金会是世界最大的、经验最丰富的独立性非政府环境保护机构之一。它在6大洲的153个国家发起或完成了约12000个环保项目。它通过一个由27个国家级会员、21个项目办公室及5个附属会员组织组成的全球性的网络，在北美洲、欧洲、亚太地区及非洲开展工作。

主要活动

世界自然基金会第一个国家计划于1961年11月23日在英国建立，爱丁堡公爵担任主席。同年12月1日，美国也继而成立了世界自然基金会国家机构，接着是瑞士。

1962年，世界自然基金会为印度阿萨姆邦上西隆高原地区的佩济先生资助131美元，以保证其能够前往卡奇沼泽地区调查印度野驴的现有数目。佩济找到了870只。到1975年，这种野驴的数目降到了400只，并面临着灭绝的危险。于是世界自然基金会在该地区设立了野驴保护区，到80年代中期，野驴的数目已超过2000只。1969年，世界自然基金会与西班牙政府联手购买了瓜达尔基维尔河三角洲的沼泽地带，并建立了科托多纳纳国家公园。

1973年，世界自然基金会帮助印度政府开展拯救老虎计划时，公众得到保证，他们的捐款将直接被用来拯救这种被看做神圣但却面临灭绝的老虎。印度前总理甘地夫人为此建立了实施六年老虎保护计划的专门机构，并设立了九个老虎保护区。随后印度又增加了六个保护区，尼泊尔增加了三个，孟加拉国增加了一个。

两年后，世界自然基金会开始了保护热带雨林的活动。该组织筹集资金并帮助中非、西非、东南亚和拉丁美洲几十个热带雨林建立起国家公园或自然保护区。1976年，另一项"海洋必须活着"的保护海洋计划展开了。世界自然基金会为鲸、海豚、海豹这些海洋动物设立了海洋保护区，并看护海龟的繁殖地。20世纪70年代末，世界自然基金会又开展了"拯救犀牛"的运动，并很快筹集了100多万美元的款项来对付偷猎犀牛活动。

20世纪80年代初，世界自然基金会与世界自然保护联盟、联合国环境规划署共同发表了《世界自然保护战略》。这项由联合国秘书长签署的战略在世界34个国家的首都同时展开。它意味着人类走向自然保护的新步骤，并显示了持续利用自然资源的重要性。自从这一战略开始，50多个国家已经制定出各自的国家战略。一个通俗的版本《如何拯救我们的世界》也已用多种语言发表出来。

1985年，该组织促使国际社会延缓捕鲸行动，并争取在南极洲为鲸鱼建立一个海洋保护区域。1990年，世界自然基金会成功地开展了限制象牙交易的国际活动。1992年，它与其他组织共同促使各国政府在巴西里约热内卢召开的联合国环境与发展大会上签署了生物多样化和气候公约。世界自然基金会同时还与其他民间环保团体保持着联系。它尤其重视与当地居民合作，解决各地迫切的自然保护问题。

在赞比亚卡富埃平原地区，世界自然基金会帮助当地政府成功地处理了发展和保护之间的关系。当地居民接受训练，成为保护野生沼泽羚羊的一支力量，他们看护并报告不断锐减的羚羊的数量。由于当地居民保护措施得力，羚羊的数目如今不断增多，并可以通过捕猎淘汰一些弱者。通过向打猎爱好者收取费用又重新用于社区发展和野生动物保护方面上。

在中国的项目

世界自然基金会在中国的工作始于1980年的大熊猫及其栖息地的保护，它是第一个受中国政府邀请来华开展保护工作的国际非政府组织。1996年，世界自然基金会正式成立北京办事处，此后陆续在全国八个城市建立了办公室，共拥有80多名员工，项目领域也由大熊猫保护扩大到物种保护、淡水和海洋生态系统保护与可持续利用、森林保护与可持续经营、可持续发展教育、气候变化与能源、野生物贸易、科学发展与国际政策等领域。

世界自然基金会在中国的主要任务就是为实现减少中国对全球的生态影响和改善人民生计的双重目标提供解决方案。截至2009年，世界自然基金会共资助中国开展了 100 多个重大项目，投入总额超过 3 亿元人民币。

大熊猫保护

大熊猫不仅是中国，而且是世界自然保护的象征。世界自然保护联盟濒危物种红色目录将大熊猫列为"濒危动物"，它所面临的主要问题是栖息地减少、退化和破碎化及人与大熊猫的冲突。为了缓解大熊猫生存的压力，保护大熊猫这一珍贵的物种，世界自然基金会和中国有关部门密切合作，在对大熊猫进行调查研究工作的基础上，开展了岷山景观大熊猫栖息地保护项目和秦岭生态保护和社会经济可持续发展项目。

岷山山脉位于甘肃省南部和四川省西北部，是大熊猫栖息地面积最大、数量最多的山系，因此也是大熊猫生存繁衍至关重要的区域。大熊猫主要分布在岷山的 15 个县和 19 个自然保护区，其中包括位于甘肃省文县境内面积最大的大熊猫保护区——白水江国家级保护区，和位于四川省北部大熊猫数量最多的县——平武县。1997 年，世界自然基金会在四川省平武县启动了"综合保护与发展项目"。2002 年 7 月，在四川省平武县"综合保护与发展项目"的基础上，世界自然基金会启动了岷山景观大熊猫栖息地保护项目。这是超越行政地域界限、以完整的生物多样性区域保护为目标的保护项目，最终目的是增加大熊猫的数量和扩大大熊猫受保护的栖息地面积，并促进岷山大熊猫保护的网络化。针对大熊猫生存面临的主要问题，世界自然基金会开展三项核心工作：新建保护区和走廊带；建立岷山北部大熊猫保护行动和信息网络，即保护区联合进行生物多样性监测和反偷猎活动的行动，同时建立县级野生动物保护站信息交流网络；推动社区保护项目的经验在区域内的推广和利用。

陕西秦岭是大熊猫分布最北的山系，秦岭的大熊猫作为一个独立的种群，本身数量较少，而且由于人类活动范围的扩大和道路的建设，又被分隔成几个小种群。因此即使这里被誉为"大熊猫的天然庇护所"，但如果栖息地退化和破碎化的程度继续加深，秦岭大熊猫的命运也是岌岌可危。由于认识到了陕西秦岭在大熊猫和生物多样性保护上的重要地位和保护的紧迫性，经

过一年的考察论证，世界自然基金会于 2001 年底确定在秦岭开始实施秦岭生态保护与社会经济可持续发展项目。该项目的目标是调动和发挥各界力量，尤其是非传统的保护力量，使自然保护和可持续利用的思路和方法在政策、决策、管理、投资和消费各个过程中得以应用，使秦岭成为以大熊猫为代表的野生动物的完整家园，创造人与自然和谐相处的美好未来。基于这样的目标，该项目分为秦岭大熊猫栖息地保护和基于保护的当地经济发展两大部分。前者致力于秦岭大熊猫巡护监测网络化建设，新建大熊猫保护区，森林资源可持续管理，已建保护区的能力建设，108 国道秦岭隧道区域生物走廊及大熊猫栖息地恢复。后者致力于南太白山旅游生态化和社区可替代生计。秦岭大熊猫栖息地保护和可持续经济发展项目覆盖了整个秦岭地区。

物种保护小额资金项目

野生动植物不仅是自然环境不可缺少的组成部分，也是人类赖以生存的重要资源。中国是世界上生物多样性最丰富的国家之一。随着人们环境保护意识的增强，越来越多的人开始关注水污染、空气污染和气候变暖等环境问题。然而对于中国丰富的生物多样性资源及其所面临的威胁人们却知之甚少，有关物种保护的资料和研究大部分集中在一些知名物种上，如大熊猫、金丝猴等，大量鲜为人知的珍稀物种及其栖息地却很少受到关注，信息的匮乏也使实施有效的保护面临困难。基于此，世界自然基金会于 2001 年设立了"中国野生动植物保护小额基金"，希望通过支持较少受到关注的珍稀濒危物种的实地保护工作，使中国生物多样性中极为重要但未得到足够关注的领域得到更多的关注和支持。

2008～2009 年世界自然基金会物种保护小额资金资助的中国项目

2008 年项目	2009 年项目
东方白鹳繁殖区种群监测与保护策略分析	大凉疣螈栖息地调查及其保护
中国小熊猫的濒危现状与保护分析研究	安吉小鲵资源调查及其种群保护

（续表）

2008 年项目	2009 年项目
北京地区黑鹳的繁殖、越冬种群数量及其分布的调查	中国小鲵分布调查及保护
中俄边境兴凯湖自然保护区极北鲵栖息地保护及生活环境选择研究	贵州花臭蛙和务川臭蛙生活史及繁殖栖息地调查和保护宣传
棕黑疣螈种群现状调查及保护知识培训和宣传	社区参与下的金头闭壳龟保护行动计划
出版《中国两栖动物原色图鉴》	红河流域斑鳖及土著龟鳖类现状调查和水电开发对其栖息地影响研究
西鄂尔多斯及阿拉善地球第三纪残遗植物抢救性电视专题片摄制及保护宣传	海南东寨港红树林保护区海蛙种群动态和环境监测指标体系研究
太白山溪鲵的生态与分布调查及其保护	新疆北鲵分布及受胁状况调查
普雄原鲵的种群、栖息地和分布调查	云南闭壳龟的分布和栖息地现状调查
昆明地区城镇化对多疣狭口蛙栖境的影响及保护措施研究	瑶山鳄蜥野放种群的社区共管
海蛙数量、生境及非法贸易状况调查	寻找甘肃文县白头蝰
务川臭蛙种群调查及影像采集	四川宝兴县山溪鲵的种群现状及保护对策，珍稀濒危植物五小叶槭的救护及种群保存利用研究，出版影像保护自然丛书《自然摄影手册》和《带着摄像机去野外》

大型猫科动物保护

世界自然基金会不仅致力于大熊猫物种的保护，也十分关注大型猫科动物的保护工作。目前世界自然基金会在大型猫科动物方面的保护工作集中在黑龙江流域东北虎保护和制止西藏的野生动物皮毛制品的非法贸易。

黑龙江、吉林和内蒙古东北部与隔黑龙江相望的俄罗斯远东地区共同被世界自然基金会认定为全球重点生态区之一，合称为黑龙江流域生态区。这里也是很多珍稀动物的栖息地，如东北虎、远东豹、黑熊、丹顶鹤、白枕鹤等。世界自然基金会从 2002 年开始在这一地区开展针对森林自然保护区的保护项目，帮助当地政府新建或升级了五个保护区，面积达到 90 万公顷；同时，还运用自然保护区管理有效性的理念，对这一区域内主要保护区进行了已建保护区的管理有效性评估，针对保护区存在的问题和威胁，提出解决问题的策略。

此外，为了拯救孟加拉国虎、金钱豹、雪豹等亚洲大型猫科动物，世界自然基金会与野生物贸易研究组织在拉萨和那曲地区开展了动物毛皮的市场和消费调查，并于 2005 年 8 月共同在拉萨举办了关于制止亚洲大型猫科动物非法贸易的研讨和项目规划。该项目于 2006 年 1 月正式启动，其重点是通过与政府部门，研究、教育机构，宗教界等合作，开展市场和消费调查、宣传教育、政策研究、提高执法能力等项目，来制止藏区非法贸易和消费。

淡水项目

世界自然基金会在全球 50 多个流域开展湿地与淡水保护及流域综合管理示范工作。1998 年中国发生洪灾之后，湿地和淡水生态系统的保护也成为世界自然基金会在中国的主要工作领域之一，并通过与国家林业局等相关部门的合作，先后在湿地恢复、湿地替代生计、湿地保护区网络建设、重建江湖季节性生态与水文联系、提名国际重要湿地、湿地宣传教育、流域综合管理政策倡导等方面开展了大量工作。世界自然基金会在中国的淡水项目主要有"携手保护生命之河"长江项目、世界自然基金会——汇丰银行"气候与伙伴同行"中国项目。

生命之河长江项目启动于 1999 年。该项目致力于协助建立西洞庭湖省级保护区，在西洞庭湖、青山垸（湖）、西畔山洲等开展湿地恢复、保护与可持续利用等工作，通过发展湿地替代生计生态旅游、生态渔业等，促进社区共管、协助建立保护区并不断提高其能力、宣传教育等途径，推动洞庭湖地区湿地的保护和可持续利用。在增加湿地保护区面积的同时，也增加了当地人民的收入。在此项目的影响下，2002 年，汇丰银行通过其"投资大自然"项目支持世界自然基金会在湖北启动了以"重建江湖联系，恢复长江中游生命网络"为目标的"恢复长江生命之网——WWF – HSBC长江项目"。到2007年，长江中下游成功推动了1000平方公里湿地的恢复，促进中国流域综合管理政策的实施。

"气候与伙伴同行"中国项目的目标：制定中国"2050能源展望"，发展"低碳城市"，推动应对气候变化的流域综合管理政策。该项目有以下主要实际行动。2007年10月，世界自然基金会联合中国地质大学（武汉）、湖北省畜牧兽医局等相关单位成立了"清洁生产与清洁发展机制研究中心"，并和湖北原种猪场及相关公司合作启动了"低碳养猪"示范项目。2008年，中国水利部黄河水利委员会和世界自然基金会联合主办河流环境流量研讨会，交流环境流量领域的理论研究成果和实践探索经验。2008年，长江中下游五省（湖北、湖南、江西、安徽、江苏）布"网"监测淡水豚类，长江流域豚类保护网络正式成立。该网络致力于建立统一的长江豚类动态信息平台，并制定全流域范围内的长江豚类保护政策，编写豚类保护监测和救护手册，并定期为保护区人员提供标准和统一化豚类监测和救护培训。

森林项目

世界自然基金会北京办事处林业项目结合国家重点林业工程，在长江上游岷山地区以及东北和内蒙古地区开展了大熊猫和东北虎栖息地森林保护和恢复项目，向国内介绍并引进了最新的景观保护理念和方法。通过建立保护区、提高保护区管理有效性，及探索社区和企业参与的共管机制，呈现破碎化的栖息地得到连接和恢复。同时，为了提高我国森林资源的质量和可持续利用，把森林认证和产销监管链认证引入中国，协助政府有关部门制定相关的国内标准，帮助森林经营单位提高管理水平和对森林资源的可持续利用。为了减少中国进口木材需求增长对南美、东南亚等天然林丰富地区可能产生的不利影响，世界自然基金会北京办事处成立了中国森林贸易网络，鼓励在中国的从事木材贸易和生产的厂商，通过加盟全球森林贸易网络组织，促进合法采伐和贸易，推动可持续森林经营和可信赖的森林认证。与此相关的大

豆和棕榈油圆桌会议也是林业项目的工作重点，旨在鼓励有影响力的厂商通过参加圆桌会议承诺促进有利于森林土地可持续发展的经营。

教育与能力建设项目

为推动可持续发展教育在中国的开展，以实现世界自然基金会的最终使命，1996 年，世界自然基金会在北京正式设立办事处之时，就创建了教育与能力建设项目（原环境教育项目）。

经过近十年的建设与发展，该项目始终贯彻"能力建设、资源开发、政策影响和网络构建"的工作策略，并通过与中国教育部、国家环保总局、国家林业局等政府部门和高校学术科研机构、社区、宗教团体以及地方相关 NGO 合作，开展了"中国中小学绿色教育行动"、"香格里拉可持续社区"、"青少年爱水行动"、"香格里拉河流与湖泊"、"巴珠可持续社区"、"滇西北社区能力建设"、"藏东社区保护与发展"、"地球的孩子"等项目，成功地将可持续发展教育的理念、内容和方式方法引入中国的正规教育和社区可持续发展教育领域。

能源与气候变化项目

世界自然基金会中国气候变化与能源项目致力于提高公众及决策制定者对气候变化的认识，帮助易受影响的自然生态系统及社区增强适应气候变化的能力，倡导公众采取可持续的消费和生活方式，推动政府制定更有效的政策以提高能源效率、减少温室气体排放；与富有战略眼光的企业建立新型伙伴关系，鼓励企业投资并从事低碳技术的开发和利用，采取有利于减缓气候变化的生产和运营方式。世界自然基金会气候变化与能源项目在中国开展的项目主要有低碳城市发展项目、后京都气候变化谈判、节能"20 行动"和气候变化见证人等。

野生物贸易项目

野生物贸易研究委员会创建于 1976 年，是由世界自然基金会与世界自然保护联盟合作支持成立的野生物贸易研究项目，其目标是确保野生物贸易不会对自然环境构成威胁。1996 年，东亚野生物贸易研究委员会开始在中国开展工作，并于 2001 年在世界自然基金会办公室设立中国项目，即东亚野生物贸易研究委员会中国项目。东亚野生物贸易研究委员会在中国的项目力求以药用动植物资源保护为切入点，通过与政府相关部门、医学界、高等院校以及企业的交流与合作，使药用动植物的使用逐渐找到可持续利用的有效途径，既合理利用自然资源，又有效地遏制非法的野生药用资源贸易。通过在中国开展的各项工作，东亚野生物贸易研究委员会中国项目希望能够为制止非法野生物贸易、保证资源的可持续利用和生物多样性提供可借鉴的经验与教训，与国内外各个不同的组织一同为中国乃至东亚地区的生物多样性保护作出更多的贡献。其在中国的项目主要有：药用野生动植物资源保护；野生动植物贸易调查与监测；能力建设：加强濒危野生动植物种国际贸易公约的履约。

科学发展与国际政策项目

作为一个全球性的独立的环保组织，世界自然基金会在淡水保护、森林保护、气候变化、野生动植物贸易等方面已经具有相应的领导力和影响力。近年来世界自然基金会也开始拓展其传统的业务领域，其中的一个发展方向就是与上述保护项目密切相关的跨项目的政策领域工作。科学发展与国际政策项目（简称"政策项目"）致力于推动中国的"科学发展"即可持续发展，也承担世界自然基金会全球网络之间与中国相关的政策工作的沟通、协调和实施。

按照世界自然基金会中国项目办公室"五年保护发展计划（2005 ~ 2010 年）"，为应对环境保护与可持续发展的挑战，政策项目着力于以下三个主要方向：贫困与环境（包括补偿机制和生态补偿）、消费或可持续生活方式（生态足迹）和贸易、投资与金融（是对消费与可持续生活方式方面的有力补充，目的在于"绿化"供应链环节）。此外，政策项目也承担与"中国环境与发展国际合作委员会"（简称"国合会"）的联系和合作事宜。

　　2007 年 4 月，世界自然基金会发布了《重新思考中国境外投资》报告。由于中国对外投资飞速发展，整个世界都需要重新考虑现有的全球经济发展模式。报告建议在自然资源供应方、产品和服务生产制造方以及消费方之间建立对话机制，促进全球循环经济。

世界自然保护联盟

组织概况

世界自然保护联盟，简称IUCN，成立于1948年，原名为国际自然与自然资源保护联盟，1990年正式更名为世界自然保护联盟，总部设在瑞士。世界自然保护联盟是个独特的世界性联盟，即政府和非政府机构都能参与合作，专注于世界的自然环境保护，并在自然保护的传统领域中处于领先地位。

不过世界自然保护联盟并不是仅仅局限在传统领域，而是在传统领域之外也寻求有所发展。在地球上的许多地方，联盟认为自然资源的可持续利用是保护自然的良好方式，这种方式使得为满足其基本需求而利用自然资源的那些人成为保护自然资源的卫士。迄今为止，世界自然保护联盟所保护的环境包括陆地环境与海洋环境。该联盟集中精力为森林、湿地、海岸及海洋资源的保护与管理制定出各种策略及方案。联盟在促进生物多样性概念的完善方面所起的先锋作用，已使其在推动生物多样性公约在各国乃至全球的实施中成为重要角色。

世界自然保护联盟是国际自然保护组织的带头人，该联盟的三大支柱是会员组织、专家委员会、专业秘书长。在可持续发展的前提下，世界自然保护联盟通过下设的6个专家委员会开展工作。其中世界自然保护大会是联盟的最高层管理机构，制定整个联盟的政策，通过联盟的工作计划，并选举联盟主席以及理事会成员。每三年召开一次，世界自然保护联盟的全体成员都参加；理事会指导秘书处贯彻落实世界自然保护大会通过的各项政策和规划，并且在大会休会期间，代表联盟全体成员每年举行一次或

两次理事会；秘书处由秘书长采取分布式领导，管理工作由主席所领导的议会负责，为联盟全体成员服务，并负责贯彻落实联盟的各项政策和项目。

世界自然保护联盟的专家委员会共有六个，涉及物种保护、环境、经济和社会政策、环境立法等内容，由技术专家、科学家、政策专家组成工作网，是世界上最大的专家网络。参加专家委员会的各国科学家无偿为自然保护和发展作贡献，负责评估世界自然资源，在世界自然保护联盟制定保育措施时提供咨询服务。这六个专家委员会包括物种存续委员会，世界保护区委员会，环境法律委员会，教育及宣导委员会，环境、经济和社会政策委员会，生态系统管理委员会。

其中物种存续委员会负责制定世界自然保护联盟濒危物种红色名录，是联盟在物种保育工作中的技术顾问，推行受绝种威胁的物种的保育工作；世界保护区委员会负责推动成立陆地及海洋保护区，并推动对保护区有效的管理；环境法律委员会负责发展新的法律概念及机制，推行环境法，并加强国家行使环境法的能力；教育及宣导委员会透过策略性地宣导及教育，教育相关利益拥有者能可持续性地使用自然资源；环境、经济和社会政策委员会负责为维持生物多样性及保育工作而在经济及社会因素问题上提供专业知识及政策建议；生态系统管理委员会负责在管理自然或经改动的生态系列上提供专业的指导。

从20世纪60年代开始，世界自然保护联盟就已积极从事环境法律方面的工作，协助起草了许多国际公约以及国内环境立法框架。联盟设在德国波恩的环境法律中心，是全球最大、最全面的环境法律及政策的数据库之一。自20世纪80年代开始，世界自然保护联盟帮助政府及其他机构制定保护策略作为决策与规划的综合途径。20世纪90年代，世界自然保护联盟的工作更多地转向社会政策方面，联盟开发社会与经济知识成为其策略中的重要目标，该策略就是将社会学家与生物学家和生态系统管理人员联合起来寻求综合解决问题的方案。

主要活动

世界自然保护联盟濒危物种红色名录

由物种存续委员会及几个物种评估机构合作编制，每年评估数以千计物种的绝种风险，将物种编入 9 个不同的保护级别：

EX	EW	CR	EN	VU	NT	LC	DD	NE
绝灭	野外绝灭	极危	濒危	易危	近危	无危	数据缺乏	未评估

保护区管制级别

世界保护区委员会将保护区管制级别制定了定义：

Ⅰa严格的自然保护区	一个地区或海域，拥有出众或具代表性的生态系统/地质或生理特点与/或物种，可作为科学研究或环境监察
Ⅰb自然保护区	一大片未被改动或只被轻微改动的陆地与/或海洋，仍保留着其天然特点及影响力，没有永久性或重大的人类居所，受保护或管理以保存其天然状态
Ⅱ国家公园	一个天然陆地与/或海洋区域，指定为：保护该区的一个或多个生态系统于现今及未来的生态完整性；禁止该区的开发或有害的侵占；提供一个可与环境及文化兼容的精神、科学、教育、消闲、访客基础
Ⅲ自然遗址	一个地区拥有一个或多个独特的天然或文化特点，而其特点是出众，或因其稀有性、代表性、美观因素或文化重要性而显得独有
Ⅳ生境/物种管制区	一个地区或海洋，受到积极介入管制，以确保生境的维护与/或达到某物种的需求

Ⅴ景观保护区	一个附有海岸及海洋的陆地地区，在区内的人类与自然界长时间的互动，使该区拥有与众不同及重大的美观、生态或文化价值特点，及有高度的生物多样性。守卫该区传统互动的完整性对该区的保护、维持及进化尤其重要
Ⅵ资源保护区	一个地区拥有显著未经改动的自然系统，管制可确保生物多样性长期地受保护，并同时可持续性地出产天然产物及服务，以达社会的需求

在中国的项目

　　世界自然保护联盟在中国的工作开始于 1996 年，于 2003 年在北京开设了办事处，中国野生动物保护协会是世界自然保护联盟的非政府组织会员之一。

　　在中国，世界自然保护联盟与四川林业大学和国家林业管理局联合在四川和广西进行了多个森林保护项目，并与广西壮族自治区的有关部门合作制订了北部湾的沿海水域的管理计划。它还为省和地区级的政府官员进行关于可持续发展的培训。

　　目前中国有 9 个世界自然保护联盟的会员：云南省生物多样性和传统知识研究会、中国风景名胜区协会、中国野生动物保护协会、国家环境保护总局南京环科所、世界自然基金会香港分会、中国科学院植物研究所、中华人民共和国外交部、香港特别行政区渔农署和香港动植物园。

世界保护动物协会

组织概况

　　世界保护动物协会，简称 WSPA，是被联合国认可的国际动物福利组织，是全球最大的动物福利社团联盟。总部设于伦敦，是由成立于1953年的动物保护联盟和成立于1959年的国际动物保护协会在1981年合并而成的。作为国际上具有领导地位的动物福利组织的联盟，世界保护动物协会在民众和政府等各个层次开展工作，确保动物福利原则得到理解、尊重和实施。

　　世界保护动物协会坚信，所有动物的基本需要都应当得到尊重和保护，首先是动物在不受可避免的痛苦的状况下生存，同时在全世界通过开展实地项目、教育运动和与政府对话，来保护动物的这些需要。

　　世界保护动物协会的目标是推动对动物的保护，防止残酷对待动物的行为，减轻身处世界每一个角落的动物所遭受的苦难，实现一个人人重视动物福利、终止虐待动物的世界。通过推广人道主义教育项目，鼓励对动物的尊重，推动加强各种形式的动物管理人的责任，同时也推动鼓励法律权力机构为动物提供法律上的保护。主要致力于在全球通过法律程序，确保动物享有的福利，让每一个人都理解、尊重和保护动物的福利。

主要活动

　　世界保护动物协会的主要任务是在全球提高动物的福利标准，开展全球动物福利联合运动。其工作主要集中在四个首要的动物健康领域：

伴侣动物：负责可靠的宠物所有者，人类杂乱的管理和残酷的预防。

野生动物的商业剥削：集约化的农场和残酷的管理，还有为了食物或副产物而杀害野生动物。

农场动物：集约化的农场，远途运输，还有为了食物屠宰动物。

灾害管理：提供照料给遭受人为或自然灾害的动物，从而保障人民的生计。

世界保护动物协会的总政策是"动物拥有权利以摆脱苦难的方式生存"。为此世界保护动物协会有自己的术语界定：

动物	包括所有有感觉能力的、有意识的生物
痛苦	包括心理、生理或情绪上的紧张、恐惧、疼痛，身心上的不适，肉体上的伤害，疾病以及行动上的痛苦
生理干扰	包括任何使用或者不使用器械的程序，这种程序可能导致对敏感的动物身体组织或者骨骼结构的干扰

人与环境知识丛书

世界观察研究所

组织概况

世界观察研究所，简称 WWI，是一个独立的国际性研究机构，拥有一个国际性的董事会和多个全球合作伙伴。世界观察研究所于 1974 年成立，其宗旨是鼓励与环境相结合的可持续经济发展，同时重点关注能源、水资源、农业和政府管辖等主题。

世界观察研究所在交叉学科研究方面一直处于领先地位，并且以其引人注目及求实的信息交流方法闻名。世界观察研究所的研究成果为数百个非政府组织机构、企业及政府工作的开展提供了牢固的基础支持。世界观察研究所的研究人员与美国以及全球各国的政府决策者，包括国家政府及国际组织的领导人，有着紧密的合作。

主要活动

世界观察研究所的出版物主要有《世界报告》、《世界观察》杂志、《世界观察论文》。

《世界报告》

《世界报告》是世界观察研究所最重要的年度报告，是国际上公认的权威性报告。《世界报告》对那些理解并通过政策和行动来培育一种安全的、健全的并健康的全球环境的重要性的人来说是最具有权威性的信息来源。世界观

THE WORLDWATCH INSTITUTE
世界观察研究所 编 曹建海 谢玲 邓文华 译

世界报告2005
STATE OF THE WORLD
REDEFINING GLOBAL SECURITY
重新定义全球安全

河北教育出版社

河北教育出版社出版的中文版《世界报告》（2005 年度）

察研究所的年度《世界报告》在 100 多个国家用 36 种语言出版，是许多非政府组织、公司和政府决策的依据。

《世界观察》杂志

《世界观察》杂志是国际上承认的双月刊，它使读者在最短的时间内知道最新的环境发展情况，包括人口增长、气候变化、物种灭绝以及人类行为和统治的新方式的出现等。

《世界观察论文》

由写作世界观察报告和重要信号的同一个获奖小组撰写，各有 50 ~ 70 页。论文对某个在全世界正在形成或可能形成头条新闻的环境问题进行犀利的分析。

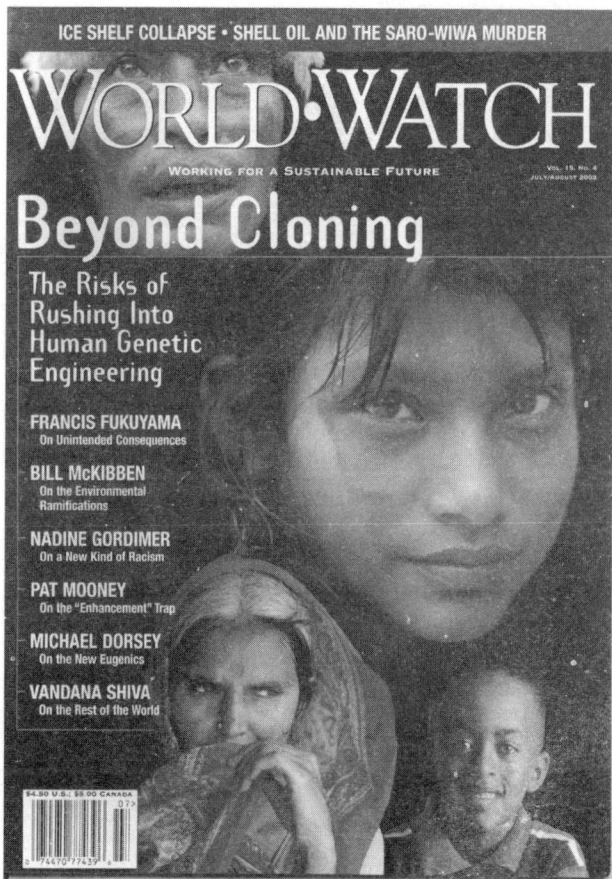

《世界观察》英文版

国际爱护动物基金会

组织概况

国际爱护动物基金会，简称 IFAW，成立于 1969 年，总部位于美国的马萨诸塞州。其最初的使命是制止加拿大东海岸大规模商业性猎杀白袍琴海豹的残酷行为。随着不断的发展，国际爱护动物基金会已成为全球最大的动物福利组织之一。

国际爱护动物基金会的工作领域主要集中在保护野生动物栖息地，通过制止濒危物种非法贸易来避免对野生动物的商业剥削；救助处于自然或人为灾难中的动物并帮助它们重返自然；支持政府机构通过加强立法和执法保护动物；开展公众教育宣传，传播爱护动物、尊重生命以及人与动物和谐共处的理念。

主要活动

国际爱护动物基金会的主要活动有护鲸活动、护象活动、制止野生动物贸易、拯救琴海豹活动、救助伴侣动物等。

护鲸活动

国际爱护动物基金会进行制止捕鲸的活动，同时建立新的鲸保护区，力图拯救全球濒危的鲸。为此，国际爱护动物基金会反对日本大规模的捕鲸行动，为制止日本残酷性的捕鲸行动寻求法律上的援助。

1963 年，国际捕鲸委员会禁止在南半球捕杀座头鲸，1986 年，国际捕鲸委员会颁布全球性的商业捕鲸禁令。然而日本这 40 多年来无视国际社会的禁令，打着"科学捕鲸"旗号，截至 2009 年 4 月份，在南极海域捕杀鲸的总额达 9408 头。

2007 年 11 月，日本政府无视国际捕鲸禁令和国际社会的压力，继续打着"科学捕鲸"的幌子扩大其捕鲸计划，派遣捕鲸船进入南太平洋鲸类保护区捕鲸，并计划在 4 个月内捕杀超过 1000 头鲸。其中包括 40 多年来一直受到保护禁止商业猎杀的濒危物种座头鲸，而且计划猎杀的数量达 50 头之多。国际爱护动物基金会委托一些国际法学专家组成三个独立调查小组，对日本捕鲸展开专项调查。调查显示，日本捕鲸违反了《联合国海洋法公约》《南极条约体系》《濒危野生动植物种国际贸易公约》和《国际捕鲸公约》。国际爱护动物基金会也委托澳大利亚顶尖的国际法学专家组成独立调查小组（悉尼法律调查小组）对日本捕鲸相关议题展开研究。研究结果显示，澳洲政府可以运用国际法这一有力武器，来阻止日本在南太平洋继续屠杀鲸类。日本捕鲸船队公然违反国际法规和当前国际捕鲸委员会达成的协议，2008 年进行了大规模的商业性捕鲸的残酷行为，2009 年第一季捕杀 680 头鲸后于 4 月 14 日返回日本港口。由此可见，国际爱护动物基金会还将继续在反捕鲸的残酷行动上努力。

护象活动

国际爱护动物基金会还进行了制止象牙从业者、从盗猎者手中保护大象、重建公园以保护所有物种、必要时营救和重新安置大象的活动。

2009 年 6 月 7 日，在国际爱护动物基金会和马拉维政府合作下，救援人员已启动对非洲南部国家马拉维受到人象冲突威胁的大象的迁移工作。国际爱护动物基金会与马拉维政府合作，将人和动物从费里朗维地区（地处马拉维湖的南部）激烈的人象冲突中解救出来。这里生活的绝大多数是以务农为生的农民，人口的不断增长破坏了大象的栖息地，迫使这些濒危动物去采食庄稼、毁坏当地村民的谷仓。大象面临激烈的人象冲突威胁。马拉维政府采

用了既人道又注重实效的解决办法，通过与国际爱护动物基金会合作，将大象迁移到玛杰特野生动物保护区，解决了濒危大象带来的两难问题。

制止野生动物贸易

国际爱护动物基金会致力于拯救大猩猩及其他濒危物种、终止丛林动物肉类贸易、拯救藏羚羊、制止将野生动物作为伴侣动物的贸易。

《濒危野生动植物种国际贸易公约》严禁濒危物种及其制品的国际贸易，然而每年现实中的国际野生动物黑市贸易额高达数十亿美元，其规模与非法毒品和武器贸易不相上下。在这种巨大利益的驱动下，由于网络贸易难以监管、快捷便利的先天"优越性"，互联网迅速成为许多非法野生动物贸易的平台，给濒危物种保护和生态环境带来新一轮的挑战。针对这一挑战，国际爱护动物基金会对互联网的野生动物贸易行为进行了调查。2008 年，国际爱护动物基金会通过 3 个月的调查，发布了《点击即杀戮——全球网络野生动物贸易调查》报告，报告显示，在为期 3 个月的检测期内，全球 11 个国家的 183 个在线交易网站上共有 7122 件非法野生动物制品在出售。估算到的标价贸易总额近 3800 万美元，已成交的金额为 45 万美元。此外，由于还有许多网站并不标明售价，且不提供最终成交的方法，以至于实际成交额将远超过当前数额。交易的物种包括许多濒危动物：大象、大型猫科动物、鸟类和灵长类动物；贩卖的制品种类也复杂多样，有骨骼、皮毛、器官、标本甚至是动物活体。其中，美国的问题最为严重，在美国完成的网络野生动物贸易量排名第一，是中国和英国总和的 10 倍，占据了世界前 8 位的国家总和的 70%。

拯救琴海豹活动

国际爱护动物基金会主张制止：残酷的猎杀和获得免费参观海豹之旅、终止资助和支持猎杀、改革加拿大渔业政策。

2009 年 3 月，在经过国际爱护动物基金会 10 多年的努力下，俄罗斯颁布海豹猎杀禁令。这一禁令的颁布，是国际爱护动物基金会为制止猎杀琴海豹取得的巨大胜利。2009 年 5 月，欧盟颁布海豹制品销售禁令。禁令将禁止在欧盟范围内进行以牟利为目的的海豹制品销售，因纽特人及其他原住民例外。这项决定是国际爱护动物基金会 40 年来为终止加拿大商业海豹猎杀而取得的重大胜利。

救助伴侣动物

国际爱护动物基金会致力于提高全球的动物福利，救助陷于危机和苦难中的动物，同时也注重为伴侣动物（猫、狗）提供援助。

2008 年，在国际爱护动物基金会的帮助下，由动物管理部门在澳大利亚偏远原住民社区开展了"爱犬总动员"伴侣动物健康项目。这一项目的开展，使科托尔原住民社区的狗的健康得到改善，国际爱护动物基金会与社区人员合作，通过改善动物的健康来提高社区的医疗水平。

在中国的项目

从 1993 年国际爱护动物基金会进入中国，它始终致力于通过资金和技术的支持来帮助中国开展野生和伴侣动物（即猫和狗）的福利与保护工作。1999 年，国际爱护动物基金会与中国国家环保总局联合签署了为期 5 年的合作备忘录，从那时开始，双方就共同致力于保护野生动物栖息地、加强自然保护区的管理、支持中国生物多样性保护和履行国际公约等方面的工作。2002 年，国际爱护动物基金会与中华人民共和国濒危物种进出口管理办公室签署了为期 3 年的合作备忘录，承诺共同为提高公众保护野生动物的意识，不断加强野生动物贸易信息调查工作，进一步加强野生动物进出口管理能力建设，积极推动中国野生动物进出口管理工作的深入开展而努力。

国际爱护动物基金会在中国的工作主要是保护野生动物栖息地，救助陷于危机和苦难中的动物，制止野生动物的贸易，提倡加强动物保护立法，以及提高公众动物保护意识的教育。

保护野生动物栖息地

国际爱护动物基金会认为，野生动物同人类一样需要良好的生态环境来

繁育发展，而造成某些野生动物灭绝的最大威胁是其自然栖息地的丧失。野生动物赖以生存的栖息地在人口激增、城市化、工业、贸易全球化及与其他优先用地的竞争中受到极大的威胁，它们被迫离开原来的栖息地，同时迁徙路线被扰乱，繁殖地遭到破坏。在这种严峻的情况下，国际爱护动物基金会主张通过采取直接有效的行动为野生动物争取尽可能多的生存空间和安全保障。其中在中国的行动主要有保护藏羚羊和亚洲象栖息地。

藏羚羊是《濒危野生动植物种国际贸易公约》附录Ⅰ中的保护动物，是中国野生动物保护法的一级重点保护动物，每年这种珍稀的动物仍数以千计地遭到猎杀，人们用其绒毛织成精美、柔软的"沙图什"披肩从事非法贸易。国际爱护动物基金会对生活在中国西部高原上的这种珍贵特有动物的保护包括：支持藏羚羊栖息地保护和反盗猎巡逻，发起沙图什贸易市场调查，组织面向消费者的教育活动，支持各有关国家濒危物种管理机构在藏羚羊绒非法贸易源头、流通渠道和消费市场各个环节中的执法行动。在青藏高原的藏羚羊栖息地及周边地区，国际爱护动物基金会通过向当地的自然保护区和反盗猎组织提供通讯器材、野外装备和资金，印制宣传品等各种形式帮助他们解决困难，组织巡逻，同时也注重对周围群众进行教育，有效地支持了反盗猎巡护工作。

2001年5月，国际爱护动物基金会与国家森林公安局在南京联合举办藏羚羊保护与执法研讨培训班，来自青海、新疆、西藏三个省和自治区的三十名森林公安干警对藏羚羊保护三省联防机制的建立达成共识。自2002年至今，国际爱护动物基金会与国家环保总局、国家林业局、森林公安局及中国濒危物种进出口管理办公室合作，每年一次召开"青海、西藏、新疆三省区藏羚羊保护研讨会"。研讨会对进一步加强各省区保护区之间的合作、有力促进藏羚羊反盗猎执法活动及栖息地保护、保持青藏高原生物多样性等方面起到积极的推动作用。2001年6月27日，国际爱护动物基金会和印度野生动物基金会在北京、新德里和伦敦三地同时举行《终止罪恶的贸易——拯救濒危藏羚羊的国际行动》新闻发布会，披露了国际藏羚羊绒非法贸易现状的最新调查结果，呼吁国际社会联合努力保护藏羚羊，这些努力包括：专门针对时装界开展的终止市场对沙图什披肩需求的公众意识宣传，并为加工地印度的织工寻求替代产业；在藏羚羊的栖息地青藏高原坚决、持续地开展反盗猎行动和公众意识教育活动。

亚洲象是《濒危野生动植物种国际贸易公约》严格保护并禁止贸易的物种，是我国一级保护性野生动物。然而目前在我国，野生亚洲象数量仅有250头左右，而这仅存的250头左右的野生亚洲象也面临着严峻的生存危机，其生存的主要威胁来自其栖息地的逐步丧失。野生亚洲象仅生活在云南省西双版纳、思茅和临沧地区，在过去的数十年中，人类的活动，诸如森林采伐和农业生产，使野象在云南的栖息地大面积减少，同时也引发了当地农民与野象争夺生存空间的矛盾。

2000年7月，为解决思茅地区的人象冲突问题，国际爱护动物基金会于2000年7月与云南省林业厅、思茅市政府合作启动了"中国亚洲象及其栖息地保护项目"。该项目改变以往的采取被动的、仅仅通过提供资金来对野生动物造成损失进行补偿的赔偿机制，转而通过资助当地发展农村社区经济来缓解大象活动给农民带来的压力。国际爱护动物基金会通过给当地社区提供"互助基金"小额扶贫贷款来鼓励村民种植替代农作物，减少在森林中的农业活动，并响应政府的退耕还林政策以保护亚洲象的栖息地。同时该项目还为村民提供农业技术、安全教育、动物保护和栖息地保护方面的知识培训。通过该项目的科研活动确认了大象的食物结构，根据大象对盐的需求在森林中建立人工硝塘，吸引大象远离农田和村庄。同时，基金会还在当地社区村寨和中小学校开展"种明白林"、"绿旗人家"评选等丰富多彩的环境教育活动。

2001年，通过国际爱护动物基金会和当地林业部门的共同努力，思茅市政府在全市范围内颁布了一项新的5年禁猎的通告，有效地推动了该地区对亚洲象和其他野生动物的保护工作。2003年，国际爱护动物基金会与西双版纳国家级自然保护区合作，在西双版纳成立了亚洲象保护项目办公室。2008年岁末至2009年1月，国际爱护动物基金会和西双版纳国家级自然保护区管理局共同合作开展"2009年森林与野生动物保护宣传月"活动，这一活动是亚洲象保护项目2008年岁末的"保护宣传月"活动的延续。时至今日，国际爱护动物基金会于2000～2004年、2004～2008年先后在普洱和西双版纳地区开展了亚洲象保护项目的第一期与第二期。现在正在开展亚洲象保护项目的第三期。

救助陷于危机和苦难中的动物

亚洲黑熊分布于亚洲的印度、尼泊尔、日本、朝鲜半岛、中南半岛、阿富汗、俄罗斯及中国，被世界自然保护联盟列为易危物种，是中国国家二级重点保护野生动物。受到熊胆、熊掌以及熊的毛皮等制品贸易的威胁，亚洲黑熊的数量迅速减少。

1995年，国际爱护动物基金会通过与中国政府机关和非政府组织的合作努力，关闭了条件最为恶劣的几家熊场。1996年，国际爱护动物基金会在广东番禺为被解救的黑熊建立了黑熊养护场（国际爱护动物基金会番禺黑熊养护中心），这是中国第一家救助受虐亚洲黑熊的专业养护机构，不仅给受虐的黑熊提供了一个避难场所，而且是教育公众善待动物、尊重生命的教育中心。目前有5只黑熊在养护中心安度晚年。国际爱护动物基金会专门成立了中医专家组，并资助中医药科研人员进行熊胆的替代品的研究工作。该基金会还邀请中国知名的中医药教授和熟谙国家药品监督管理的专家赴伦敦参加第三届国际传统中医药大会，从保护物种多样性和濒危物种动物药管理的角度讲述中国中医药的发展。基金会在"保护濒危物种，弘扬传统中医药"方面的工作已得到国内外众多组织和专家的认可。

国际爱护动物基金会与北京师范大学、北京市野生动物自然保护区管理站于2001年底合作建立了"北京猛禽救助中心"。"北京猛禽救助中心"是北京市林业局认可的"定点猛禽救助中心"，以国际先进的动物福利理念为指导，采用科学专业的救助方法，为受伤、生病与迷途的猛禽提供治疗、护理和康复训练，并在适合的野外栖息地及时放归已康复的猛禽。

2008年，由于猛禽捕食家禽的案件不断增多，国际爱护动物基金会北京猛禽救助中心专门向北京市政府提交了一份《关于北京市加快制定野生动物损失赔偿办法的建议》，呼吁市政府尽快制定有关野生动物造成损害的补偿办法。同年底，北京市法制办对外公布了《北京市重点保护野生动物造成损失补偿办法（征求意见稿）》，并在网上公开征求意见。

国际爱护动物基金会伴侣动物救助项目通过资助多家国内收容伴侣动物组织，提供兽医服务与绝育手术费用，并对公众开展教育，来推行更加人道的伴侣动物政策。自1993年起，基金会的宠物救助捐款在中国援助了多个伴侣动物救助组织和中心。

20世纪90年代，国际爱护动物基金会开始资助"北京人与动物环保科普中心"，为其提供各种设施、食品、兽医及培训支持。国际爱护动物基金会在为动物救助中心提供持续资金支持的同时，也在积极寻求各种动物救助和安置的模式。

自2003年"幸运土猫"成立之初，国际爱护动物基金会就对其领养计划进行资助。"幸运土猫"通过其庞大的志愿者网络，为救助的动物提供临时救助和收容的家庭，大大提高了被救动物领养成功率。在领养项目实施的4年里，已经为近2000只猫找到了温暖的家，这个基于志愿者网络形成的"群落救护计划"在北京的53个社区开展，有逾千名忠实志愿者的长期支持。

2008年，汶川大地震直接导致大面积动物笼舍坍塌和大量动物死亡。由于缺乏水、饲料、疫苗、笼舍的保障，很多动物还处于危机中，如果不及时处理，极有可能导致疫情的发生。在这种情况下，曾参加过日本神户大地震和印度洋海啸等多次严重自然灾害后人与动物疫病防控工作的国际爱护动物基金会，发起组织了由北京市小动物医师行业诊疗协会的兽医组成的专业团队奔赴灾区工作，以地毯式的开进方式，挨家挨户为犬只免疫；在开展防疫工作的同时，国际爱护动物基金会团队还为遵道镇兽医部门提供了专业设备、人道捕捉和安置流浪动物的培训。在灾区，国际爱护动物基金会的工作有效防止了狂犬病对灾民健康带来的威胁，同时也避免了大规模犬只捕杀对灾民心理造成的伤害；通过帮助灾区的人和动物，为当地重建提供了有力的支持。

1991年8月，国际爱护动物基金会在香港发起"医生狗"活动。该活动主要是主人带领经过严格的身体检查和性情检查的"医生狗"定期到学校、

医院、老人院、幼儿园、孤儿院、康复中心进行探访活动，宣扬爱护动物信息。1998 年 10 月，国际爱护动物基金会首次在北京举办了"医生狗"活动。"医生狗"项目在医疗和教育领域为人和狗的交流和理解创造了机会。"医生狗"的探访不仅是向儿童、残疾人、年迈人士献关怀和爱心，同时也希望通过动物与人的交流活动，提高人们对动物的认识和了解，树立人和人、人和动物之间的和谐、文明的社会风气。

制止野生动物贸易

2007 年 2 月至 12 月，国际爱护动物基金会对中国国内主要的四家大型在线交易网站进行了监测，共发现了 1973 件涉及 30 多种国家一类和二类以及《濒危野生动植物种国际贸易公约》附录 I 和 II 的保护动物及其制品，其中既有虎骨酒、麝香这样的保健品，也有象牙雕刻、虎须、犀牛角、藏原羚角等装饰品及用品，还有懒猴、狐狸、猛禽等活体作为另类宠物的交易。另外，网店以及实体店交替经营，国内、国际贸易兼营，狩猎野生动物及售卖制品联营多种形式并存，网络交易的状况非常复杂。国家濒管办在接到举报之后，联合公安部网监局、海关及国家森林公安局展开了数次执法行动。

2008 年 1 月 11 日，由国家濒管办牵头在杭州召开了"控制濒危物种网上贸易"的研讨会。国际爱护动物基金会、公安部公共信息网络安全监察局、海关、森林公安局和农业部渔业局以及国内主要在线交易网站的代表共同评估和分析了当前网络贸易的现状，并就网络野生动物贸易发展的趋势进行了对策研究。2008 年 2 月，由中国国家濒危物种进出口管理办公室牵头，联合森林公安、公安部网络安全局以及多家国内主要在线交易网站针对互联网野生动物及其制品贸易的整治工作已取得初步成效。然而，由于网络交易的隐蔽性和高效性，以及配套法规的不完善，打击网络野生动物贸易犯罪还面临很多挑战。

提倡加强保护动物立法

国际爱护动物基金会通过整理汇编国外、中国港台地区动物福利法和养犬法规，与国内相关的法律和流行病专家合作，组织国内外的签名活动，在中国提倡更高标准的动物福利。中国政府正在与国际爱护动物基金会及其他机构一同起草中国首部动物保护法，目前，中国首部动物保护法正在修订中。

提高公众爱护动物的意识

国际爱护动物基金会与濒危野生动植物种国际贸易公约中国办公室、中国濒危物种科学委员会密切合作，致力于唤起公众对濒危物种贸易的警觉。濒危野生动植物种国际贸易公约中国办公室与国际爱护动物基金会联合印制宣传教育材料，分别张贴在中国各机场的国际出境大厅，用以提高公众，特别是国际旅行者对中国特有物种和生物多样性的保护意识。

国际爱护动物基金会还和中华人民共和国濒危物种进出口管理办公室合作出版了《跨越国境的野生动植物保护行动》与《常见鱼鳖类识别手册》，有力地推动了基层公约执法机关对公约物种贸易的鉴别、管理工作，有利于加强相关部门的高效执法。2008 年，国际爱护动物基金会与北京时尚博文图书公司共同推出了《消失的家园》系列丛书。这套丛书的出版目的是使更多的读者了解野生动物所面临的危机以及人类的消费行为给一个个鲜活的生命甚至是整个物种带来的遗憾，从而使更多的人能够自觉地抵制野生动物制品，从自己做起，加入到保护野生动物的队伍中来。

1999 年，基金会成功地将"国际爱护动物行动周"活动引入中国。每年10 月份，"国际爱护动物行动周"在全国的大、中、小学开展活动。2008 年"国际爱护动物行动周"的主题是"海洋中的精灵"，提倡关注各地海洋生物的情况，特别是中国海洋生物的知识，它们所面临的威胁以及如何进行保护。2008 年10 月4 日，"世界动物日"这一天，国际爱护动物基金会和山东大学威海分校海洋学院和威海市环保局，组织威海高新技术开发区田村小学的小学生和海洋学院的大学生志愿者聚集在威海国际海水浴场，参与了"拒绝白色污染，保护蓝色海洋"的海滩塑料垃圾清理活动。

湿地国际

组织概况

　　湿地国际是一个独立的非盈利全球性组织，总部在荷兰，创建于 1995 年，是由亚洲湿地局（简称 AWB）、国际水禽和湿地研究局（简称 IWRB）和美洲湿地组织（简称 WA）三个国际组织合并组成，在非洲、美洲、亚洲、欧洲和大洋洲设立了 18 个办事处，下属 3 个联系松散的区域机构，即湿地国际非洲、欧洲和中东组织，湿地国际亚太组织和湿地国际美洲组织。

　　湿地国际在全球区域和国家开展工作，其宗旨是维持和恢复湿地，保护湿地资源和生物多样性，造福子孙后代。湿地国际认为人类美好的精神、物质、文化和经济生活都离不开全球湿地的保护与恢复。因此湿地国际致力于湿地保护与合理利用，实现可持续发展，以期使湿地和水资源的全方位价值与服务都得到保护和管理，以利于生物多样性和造福人类。

　　湿地国际由其成员大会管理，成员大会是湿地国际最高决策机构，每三年开一次大会，商定湿地国际战略，审议工作计划，批准会费额度，决定预算和任命董事会成员。同时湿地国际通过开发工具、提供信息来协助政府制定和实施相关的政策、公约和条约，以满足湿地保护的需求。

　　湿地国际与世界自然基金会、国际鸟类组织和世界自然保护联盟等湿地公约的国际伙伴组织密切合作，与湿地公约、生物多样性公约和迁徙物种公约签署了正式的伙伴协议，还与许多国家政府和相关机构签订了谅解备忘录和合作计划以支持湿地的保护与合理利用，如英国自然保护联合委员会、中国国家林业局以及支持国际湿地能力建设项目的财团组织。

主要活动

全球战略目标

湿地国际已正式通过以下四个长期全球战略目标（2005~2014年）：

目标1：使有关利益方和决策者充分了解湿地的现状和趋势及其生物多样性、社会经济价值和行动的优先领域。

目标2：认识到湿地所提供的价值和服务，并把他们综合到可持续发展中。

目标3：通过综合的水资源和海岸带管理实现湿地保护与合理利用。

目标4：通过大范围的、跨界的湿地物种和关键湿地栖息地动议改善湿地生物多样性保护现状。

水鸟保护

湿地国际1996年3月在澳大利亚布里斯班召开了第6届缔约方大会。大会通过了1997~2002年战略计划。1996年10月常委会通过决议，宣布每年的2月2日为"世界湿地日"。

亚洲水鸟调查活动由湿地国际统一组织协调，该活动与湿地国际在欧洲、非洲和美洲的水鸟调查合称"国际水鸟调查"。亚洲水鸟调查于1987年从印度发起，目前已迅速发展到东亚、南亚、东南亚、大洋洲以及俄罗斯远东等20多个国家和地区。亚洲水鸟调查的目标是：获取每年水鸟越冬种群的资料，作为评价湿地状况及监测水鸟种群的基础；每年定期监测湿地的状况；激发人们对水鸟和湿地保护的兴趣，促进地区的湿地和水鸟保护活动。

亚洲水鸟调查于每年1月的第2和第3周进行。水鸟调查的种类范围包括几乎《湿地公约》定义的所有种类，包括䴙䴘、鸬鹚、鹈鹕、鹭类、鹳类、鹮类、琵鹭、火烈鸟、天鹅、雁类、鸭类、鹤类、秧鸡类、鸻鹬类、鸥类和主要依赖湿地的猛禽类。水鸟调查的湿地类型通常包括所有类型的水鸟栖息

地，包括河流、湖泊、水库、池塘、沼泽、海岸滩涂、红树林等。

亚洲水鸟调查开展的活动主要有：亚洲水鸟调查项目各地区协调员收集本地区水鸟调查数据；各地区数据统一汇总到湿地国际；湿地国际在对数据进行分析整理后出版调查报告；将调查报告赠送有关的政府、非政府、国际组织，以及参与调查的所有人员。

2009 年 1 月，由日本环境省自然保护局生物多样性中心出资，湿地国际日本办事处和日本鸟类研究协会联合组织举办的"亚洲迁徙水鸟监测国际合作研讨会"在日本福冈市成功召开。会议就各自国家的湿地与水鸟资源现状、水鸟监测保护工作的进展和取得的成绩等方面向大会进行了汇报和交流，与会代表们还就水鸟监测与保护的国际合作、日本国内水鸟保护的技术、公众意识宣传和培训的推动工作等议题进行了充分的交流与探讨。

2009 年，一个为期三年的项目"加强北非水鸟和湿地保护能力"开始执行。根据项目框架，能力建设活动将在摩洛哥、突尼斯、阿尔及利亚、埃及和毛里塔尼亚开展。"加强北非水鸟和湿地保护能力"项目与目前正在执行的"UNDP—全球环境基金非洲—欧亚迁飞路线"项目即"飞越湿地（简称WOW）"项目是相联系的。这个项目将在《UNEP 非洲—欧亚迁徙水鸟保护协议》的框架下执行。其合作伙伴包括国际鸟盟、湿地国际和湿地公约等。

在中国的项目

湿地国际是第一个通过国家林业局（原林业部）与中国政府达成谅解备忘录而成功在中国建立办事处的国际环境保护非政府组织。根据备忘录精神，湿地国际中国办事处于 1996 年 9 月 26 在北京正式成立。湿地国际在中国建立办事处是为了帮助中国政府制定相关的政策，通过引进技术和资金、提供人员培训和技术支持、开展信息交流来促进中国和东北亚的湿地保护与合理利用。主要任务是：促进国家湿地保护行动计划的编制与实施；支持开展湿地资源调查与编目；支持建立湿地监测网络，促进国际重要湿地保护与合理利用；评估和确认国际意义的湿地生境；协助和支持建立标准化的湿地数据库；

开展湿地保护与合理利用示范研究，鼓励对退化湿地进行恢复重建；通过引进资金和技术，支持和促进湿地保护与合理利用优先项目的研究；建立湿地专家网络，组织和协助湿地专家参与国际湿地项目；组织召开各种与湿地有关的研讨会、论坛、培训班等活动，促进东北亚地区湿地保护；通过湿地出版物提高公众意识。

湿地生物多样性项目

中国大约有 600 万公顷山地湿地，其中大部分是泥炭地。泥炭地为濒危野生动植物提供了重要栖息地，如黑颈鹤、珍稀鱼类、两栖类和植物，并且是重要的水库，维持着小溪、河流和相邻草地的水位，同时泥炭地储藏吸收大量的碳，提供重要的国家和国际生态服务。然而，泥炭地却受到不可持续的农业生产（排水、过度放牧）、开采、基础设施建设以及气候变化的影响。中国的山地泥炭地主要分布在青藏高原和西北地区，"中欧生物多样性若尔盖－阿尔泰"项目正是致力于这些地区的山地泥炭地的综合管理，实施区域为青藏高原的若尔盖沼泽和西北地区的阿尔泰山。该项目所要解决的主要问题是由于排水、过度放牧、采矿以及基础设施建设引起的湿地生态系统退化。

"中欧生物多样性若尔盖－阿尔泰"项目开展的活动有：在不同部门支持下制定若尔盖沼泽保护和可持续利用计划；作为碳库和水资源管理的泥炭地管理指南的制定和完善；推广减少影响的放牧管理和泥炭地恢复技术；在示范点检验山地湿地可持续利用方案；制作山地湿地管理和恢复手册，并应用于不同部门机构（畜牧、水资源、环保、旅游）。

2007 年 8 月，"若尔盖高原和阿尔泰山湿地综合管理支持生物多样性保护和可持续发展"项目启动会召开，标志着"若尔盖高原和阿尔泰山湿地综合管理支持生物多样性保护和可持续发展"项目全面启动。会议认识到中国山地湿地对生物多样性保护、提供生态系统服务以及维持当地社区生计的重要性，特别强调若尔盖高原湿地对黄河水供给和作为碳库调节当地乃至区域气候的功能。

2008 年 5 月，由湿地国际中国办事处和甘肃野生动植物管理局联合主办的若尔盖泥炭地保护与可持续利用战略研讨会在甘肃兰州召开。会议通过讨论《若尔盖泥炭地保护合作框架大纲》，认识到若尔盖泥炭地整体保护需要建立跨省合作机制及加强沟通交流、分享经验与成果的必要性，并初步达成意向。同年 7 月，由湿地国际中国办事处和新疆阿尔泰山国有林业管理局共同举办的"山地湿地综合管理与生物多样性保护研讨会"在新疆阿勒泰市召开。国际泥炭学会秘书长 Hans Joosten 先生对阿尔泰山泥炭给予极高的评价，认为阿尔泰山泥炭地极具代表性，是世界上数量不多、弥足珍贵的"活"的泥炭地，他同时也注意到部分湿地的过度放牧和退化现象，建议采取紧急措施保护和恢复阿尔泰山湿地。

根据中欧生物多样性项目示范项目"若尔盖高原和阿尔泰山湿地综合管理支持生物多样性保护和可持续发展"在 2008 年的安排，四川项目区红原、若尔盖项目点在 2008 年第二、三季度进行了泥炭地恢复工作，并完成了恢复工作。其间，若尔盖湿地国家级自然保护区在保护区内的嫩哇乡开展了小型水坝建设进行湿地恢复。红原林业局湿地办在红原县龙壤沟开展湿地恢复工作。按设计要求，采取覆土填沟措施，分级填堵的方法。

2008 年 9 月，由湿地国际中国办事处和四川省野生动物资源调查保护管理站联合主办的中欧生物多样性示范项目（简称 ECBP）——若尔盖湿地综合管理跨省合作研讨会于四川成都召开。会议上，四川省若尔盖县、红原县，甘肃省玛曲县、碌曲县政府和若尔盖地区相关保护区等合作伙伴共 11 家部门和组织联合签署了《合作备忘录》，并成立了若尔盖高原湿地保护委员会，大家承诺共同合作，保护若尔盖高原湿地。

在中欧生物多样性示范项目"若尔盖高原和阿尔泰山湿地综合管理支持生物多样性保护和可持续发展"的支持下，针对"若尔盖高原和阿尔泰山湿地综合管理支持生物多样性保护和可持续发展"项目点各相关利益方的需求，湿地国际中国办事处组织专家编写了一部 10 万余字的《湿地知识培训教材》，发放到各基层有关方面，以达到宣传普及湿地知识、提高环保意识的目的。另一本全面介绍新疆湿地的图书《为了人类的生存与发展——新疆湿地》由新疆人民出版社出版发行。

2008 年，来自德国的泥炭地专家马丁先生实地考察了若尔盖高原碌曲县、玛曲县、红原县和若尔盖县实施的泥炭地恢复项目，对泥炭地恢复情况进行了评估，经过进一步分析、资料收集和整理，完成了《若尔盖泥炭地恢复评估报告》。该报告全面描述了若尔盖高原泥炭地恢复项目、实施措施、存在的问题以及现状，介绍了近期恢复活动取得的经验和教训，并为进一步改善管理提出了一些建议。

2008 年 10 月，湿地国际中国办事处组织中欧生物多样性示范项目山地湿地综合管理项目国内外合作伙伴参加在韩国庆南召开的第 10 届湿地公约缔约方大会（简称 COP10）。在大会召开之际，湿地国际特申请组织"中国山地湿地综合管理"边会，其目的是与世界各国分享中国山地湿地管理与恢复经验，并让国际上了解中国正在执行的中欧生物多样性示范项目的野外示范项目。

在中欧生物多样性示范项目的支持下，为了提高若尔盖地区湿地保护管理水平，为制作山地湿地管理和恢复手册提供基础资料，国家高原湿地研究中心的高原湿地专家收集整理了中国高原湿地保护管理信息，并完成了《中国高原湿地概况及其保护管理》报告。报告分别就高原湿地的类型及形成、我国高原湿地面积与分布、高原湿地的功能与价值、我国高原地区国际重要湿地、高原湿地生物多样性保护面临的问题或威胁、高原湿地管理的经验和教训及保护对策建议等进行了论述。并指出高原湿地生物多样性保护面临的问题或威胁主要有：湿地法律地位不明确，多头管理，职责不明，缺乏管理协调机制；侧重于物种的保护，忽略了生境的保护；片面强调水域，缺乏整体保护。

2009 年 4 月，为学习、借鉴欧洲发达国家先进的湿地保护管理经验，加强若尔盖高原和阿尔泰山湿地综合管理，促进若尔盖高原和阿尔泰地区生物多样性保护和经济社会可持续发展，在中欧盟生物多样性示范项目支持下，湿地国际中国办事处组织四川、甘肃、新疆三个项目省湿地主管部门领导及湿地保护区管理人员一行 9 人赴荷兰、比利时、英国等欧洲国家进行了为期 12 天的考察。考察小组先后考察了荷兰黑湖国家湿地公园、德国与比利时交界的 Bargerveen 湿地、英国山区国家公园、北奔宁山杰出自然风景区（简称

AONB）。考察组还参观了位于伦敦市中心的英国湿地中心（简称 WWT），也拜访了湿地国际总部。通过考察，对上述三国湿地、泥炭地保护现状有了初步了解，同时也学到了一些国际上比较先进的保护管理理念和保护技术，对于正在实施的中欧生物多样性示范项目中的山地湿地综合管理项目和湿地、泥炭地保护都起到积极的推动和促进作用。

2009 年是中欧生物多样性保护项目关键的一年，为更有效、按计划完成项目各项活动，2009 年 5 月，湿地国际中国办事处对四川红原、若尔盖，甘肃玛曲和碌曲四个项目点 2008 年的工作执行情况进行了全面检查，就 2009 年各项目点工作安排与当地合作伙伴进行了充分沟通，并落实当年工作计划。

总的来说，中欧生物多样性示范项目"若尔盖高原和阿尔泰山湿地综合管理支持生物多样性保护和可持续发展"自 2007 年启动以来，在四川项目区红原、若尔盖，甘肃项目区碌曲、玛曲开展了泥炭地恢复。至 2008 年填堵沟 13 千米，筑坝 48 处，恢复面积达 233 万平方米。恢复措施取得了很好的效果。恢复点地下水位抬高、水生植被逐渐恢复、蛙类等水生生物数量增加、侵蚀沟逐渐淤积、侵蚀基准面升高、水流减缓，原来退化的泥炭地重新被水淹没后，泥炭地特性得以恢复。

欧盟安庆湿地项目具体名称为"通过市级政府的行政管理能力和社会责任保护湿地生物多样性"，这是根据安庆市的湿地资源现况而开展的项目。安庆市湿地生物多样性资源丰富，但面临巨大的压力，安庆市政府有责任也有意愿将生物多样性保护纳入其相关部门的工作范畴，但缺乏相关的知识与能力，同时，也欠缺相关的生物多样性保护与依赖生物资源的生计之间实现可持续平衡发展的知识和技能。主要表现在：政府、相关部门及其工作人员缺乏生物多样性的专业知识，管理经验、方法和具有针对性的系统规划和措施，公众生物多样性保护意识淡薄，经济发展与生物多样性保护之间矛盾突出。该项目正是针对该核心问题施予对策，推动实现将生物多样性保护纳入相关部门主要工作目标，从而使自然保护与社会经济发展相互促进。此项目属于中欧生物多样性示范项目，由欧盟提供赞助，安庆市政府和国家林业局规划院以及湿地国际共同实施，项目执行期为 2007～2010 年，目标是确保安庆市境内的湿地生物多样性资源得到保护与可持续利用。

2007 年 9 月，"中国—欧盟生物多样性安庆示范"项目启动大会在安庆市召开。会上，宣布成立了安庆市湿地生物多样性管委会，为下一步实现湿地资源的可持续利用，加强湿地生物多样性的管理打下基础。

2008 年，中欧安庆示范项目办公室和安庆市电视台的记者去安庆沿江湿地的枫沙湖拍摄湿地保护宣传片。此次拍摄专题片是安庆示范项目的一项重要活动，为项目也为安庆沿江湿地保护区积累了宝贵的资料。

水鸟保护

湿地国际中国办事处在中国开展了各种各样的水鸟保护活动，在这里，我们主要介绍黑颈鹤保护项目。

由湿地国际中国办事处申请的"通过社区参与和扶贫，加强云南大山包自然保护区黑颈鹤保护"项目于 2008 年 3 月获得日本经团联（简称 KNCF）的批准。该项目规划实施三年（2008～2011 年），计划为项目区的 100 户家庭建沼气池和温室大棚。项目还对大山包自然保护区生态环境进行评估，加强项目区越冬黑颈鹤的调查与监测，在改善当地居民生计的同时，加强项目区黑颈鹤的有效保护。

2008 年 8 月，"通过社区参与和扶贫，加强云南大山包自然保护区黑颈鹤保护"项目启动会在云南昭通市召开。本次会议由湿地国际中国办事处主办，云南大山包自然保护区管理局承办。本次会议取得主要成果包括：建立了项目工作组，明确了项目工作组成员及专家的工作职责，确定了今后一段时间的工作安排，扩大宣传了项目的影响。

《云南省昭通大山包黑颈鹤国家级自然保护区条例》已由云南省人大常委会审议通过，并于 2009 年 1 月 1 日起正式施行。该《条例》旨在加强保护濒危的国家一级重点保护野生动物黑颈鹤，是云南省第一个专门针对自然保护区制定的地方法规，也是我国第一个由省级立法部门牵头起草的保护区条例，对加强大山包乃至整个云南省的野生动物和湿地生态保护，都具有十分重要的意义。

环境教育

湿地国际中国办事处开展的环境教育活动主要有湿地学校项目、宁波—慈溪湿地项目等，在这里我们主要介绍湿地学校项目。

湿地学校项目是指"亚洲湿地周"庆祝活动——中日韩湿地学校项目：三国青少年与教师湿地意识活动。

"亚洲湿地周"是一个地区性的意识活动，主要是针对青少年。该活动的主要目的是培养青少年对湿地价值与重要性及其合理利用的兴趣与理解；提高青少年的湿地保护意识，加强东北亚地区湿地教育的信息交流，建立远东湿地教育网络。从 2002 年起，连续 3 年，在日本全球环境基金的支持下，由日本湿地与人间研究会、湿地国际中国办事处、汉城大学与釜山大学分别在日本的习志野市、韩国釜山和中国大丰成功地举办了"中日韩亚洲湿地周"庆祝活动。这些活动的举办在国内外产生了广泛的影响，尤其是在中国大丰麋鹿国家级自然保护区成功举办的第三届中日韩三国青少年"亚洲湿地周"庆祝活动中。在活动期间，成立了我国第一所依托国家级湿地自然保护区的湿地实验学校。项目的主要活动包括：师生会议，由学生和老师分别发表演讲；野外观鸟；参观三个国家的湿地保护区；等等。为继续加强东北亚地区的青少年和老师的湿地保护与合理利用的意识，建立东北亚地区湿地学校教育网络，在湿地国际中国办事处、日本湿地与人间研究会的共同努力下，决定在中国继续开展三年的中日韩三国青少年"亚洲湿地周"庆祝活动，通过与中国重要的湿地保护区合作，初步建立起我国的湿地实验学校网络体系，确实提高湿地保护教育水平。

2005 年 7 月，第四届中日韩青少年"亚洲湿地周"庆祝活动——"鹤与湿地"在黑龙江扎龙国家级自然保护区召开。此次活动再一次推动了中日韩三国在湿地保护与宣传教育方面的交流与合作，为将来建立东北亚湿地学校网络打下了坚实的基础。

2007 年，由湿地国际中国办事处和江西鄱阳湖国际级自然保护区共同举办的"第七届亚洲湿地周庆祝活动"在江西南昌召开，来自中、日、韩、马、泰等东亚五国的师生70多人参加了此次活动。此次亚洲湿地周庆祝活动的主题是"走进鄱阳湖——白鹤王国",参加人员前往鄱阳湖国家级自然保护区野外观鸟,考察湿地环境,交流生态保护心得。此次活动有助于提高东亚国家青少年对鄱阳湖湿地生态环境的了解,并以鄱阳湖为媒介,携手保护全球重要湿地。

2008年,在连续多年开展湿地学校活动的基础上,湿地国际中国办事处再次成功地获得了日本全球环境基金会的资助,申请到环境教育的又一项目——在东亚—澳大利亚水鸟迁飞路线上的亚洲国家中推广湿地学校网络。旨在把湿地学校网络沿着东亚—澳大利亚水鸟迁飞路线,在更多的国家推广。

2008年12月,由湿地国际,日本湿地与人间研究会,湿地韩国,广东省人大环资委、省林业局、省环保局、南方影视传媒集团、南方报业集团、省环保基金会、湛江市人民政府联合主办,湛江红树林国家级自然保护区管理局承办的"第八届亚洲湿地周庆祝活动"在广东湛江市举行。来自马来西亚、日本、泰国、韩国和中国的教师、学生和湿地工作者,以及国内13个省市的科研院校、自然保护区、民间组织、环境教育中心、环保志愿者代表200余人参加湿地周庆祝活动。此次湿地周庆祝活动开展了红树林保护与管理高级研讨会、五国湿地学校文化交流、种植友谊树、考察湛江红树林国家级自然保护区等活动。

野生动植物保护国际

组织概况

野生动植物保护国际，简称 FFI，成立于 1903 年，是世界上历史最悠久的国际非盈利性保护组织之一。由于过度的狩猎和人类居住地的扩张，当时南非丰富的野生动物数量急剧下降。一些在非洲的英美博物学家创立了该组织（当时被命名为"大英帝国野生动物保护协会"），希望建立一些非洲野生动物的保护区，目标是保护南非大型的野生哺乳动物。

野生动植物保护国际致力于在科学的基础上，充分考虑人类的需求，选择可持续性的解决方法保护全球的濒危物种和生态系统，希望在全球获得支持，与自然为邻的人们能有效地保护生物多样性，成就一个可持续的未来。保护的目标主要是尚没有得到其他机构重视的某个物种或生态系统。

野生动植物保护国际的工作原则是在项目当地通过合作伙伴开展工作，更多地去发挥催化剂作用，努力保障在科学的基础上计划保护的实行。其通过与地方机构建立伙伴关系，并支持和建设这些机构的保护能力来实现保护需求。

主要活动

野生动植物保护国际的创建者与当地土地所有者、社会活动家和政府合作，开创性地在野生动物集中分布区建立起了保护区域，并建立起了相关的法律条款。其成立 10 年后促成了克鲁格和塞伦盖提国家公园的建立。后来，该组织在促进世界上最大的几个保护机构成立方面起了很重要的作用，比如世界自然保护联盟和世界自然基金会。今天，该组织在全世界发起了野生动植物保护计划，并与当地政府及组织一起确定并执行可持续的解决方案。野生动植物保护国际的项目分为非洲、美洲、亚太、欧亚、全球五个类型区，在全球 40 多个国家开展工作，支持并参与 300 多个保护项目。其亚太区域项目总部设在越南的河内，协调在中国、柬埔寨、印度尼西亚、菲律宾和越南 5个亚洲国家开展的工作。

野生动植物保护国际为保护行动提供切实的支持，如保护地的管理，土地合理利用，生物多样性调查，监测、巡护和栖息地恢复，保护意识培育，促进相关利益者对话和促进可持续生计等。

在中国的项目

野生动植物保护国际于 1999 年开始在中国的青藏高原开展保护项目，2002 年在北京设立办公室，之后在四川、广西、重庆建立了办公室。野生动植物保护国际的工作重点也逐渐确认为开展野生动植物的野外调查、多方参与方式保护、保护能力建设等。

1999 年，野生动植物保护国际开始在中国西部的两个省开展工作。在青海省，该组织率先支持了以社区为基础的保护青藏高原生态系统的方案，并加以推广。项目是为了表明当地人应当融入环境保护中去，而不是被看做环境保护的障碍。在四川省，该组织和当地政府一起制定了自然保护综合规划。

野生动植物保护国际中国项目主要在广西、四川、青海、贵州、云南、重庆和海南等中国生物多样性丰富、自然环境脆弱的地区开展，重点开展了拯救濒危物种和生态系统保护、青藏高原野生动植物和草地生态系统的保护、濒危植物保护的关注以及喀斯特生态系统的保护。这里我们重点介绍拯救濒危物种和生态系统保护的活动。

野生动植物保护国际在拯救濒危物种和生态系统保护方面，开展的工作

主要有受威胁物种评估与救援、保护行动与能力建设、多方参与保护与可持续社区、保护政策倡导和意识培养。

受威胁物种评估与救援

该活动主要是进行弥补物种野外信息空缺，进行快速物种现状的调查，以及保护现状的评估。目前已经在海南、广西、云南等地开展多次调查，十几名科学家参与、收集一手信息，并提出保护的对策，推动濒危物种的野外保护的紧急措施，包括受威胁灵长类现状评估、受威胁树种现状评估，进行青藏高原野生动物现状调查、喀斯特地区生物多样性调查。

1. 受威胁灵长类现状评估：

中国拥有灵长类动物达 22 种之多，它们几乎都是全球性的濒危物种。为了保护这些珍稀的物种，野生动植物保护国际中国项目从 2002 年开始把濒危灵长类保护列入重点关注区域。野生动植物保护国际中国项目是从对中国境内灵长类动物保护现状评估开始，然后按照物种的受威胁程度与特点开展针对性的保护行动。

（1）黑叶猴现状评估和监测

黑叶猴是世界自然保护联盟 2000 年的濒危物种红色名录易危物种，中国的濒危物种红皮书（1998 年）濒危物种。野生动植物保护国际与贵州省林业厅达成合作，于 2004 年 4 月 12 日至 20 日，共同在全省范围内开展野生黑叶猴保护现状的调查，为制订合理的保护措施提供科学依据。

（2）黔金丝猴现状调查与评估

黔金丝猴主要分布在中国贵州省的梵净山国家级自然保护区内。在野生动植物保护国际中国项目与贵州省梵净山国家级自然保护区的共同努力下，黔金丝猴现状评估和监测行动于 2005 年 3 月启动。2005 年 12 月，他们组建了一个由专家学者、政府部门和当地社区共同参与的工作组，共同讨论调查和评估结果，确定黔金丝猴的优先保护地位。黔金丝猴现状评估和监测项目于 2006 年 8 月顺利完成。该项目最重要的成果是全面了解并掌握了黔金丝猴的现存种群和过去十年种群的变化情况。

（3）西部黑冠长臂猿调查与保护现状评估

西部黑冠长臂猿在 2008 年的世界自然保护联盟红色名录中被列为极度濒危，1997 年被列入濒危动植物种国际贸易公约附录 I 中，1989 年被列入我国一级重点保护动物。在野生动植物保护国际和中科院知识创新工程重要方向项目的资助下，由中国科学院昆明动物所于 2003 年 7 月对云南东南部地区长臂猿的分布状况开展调查。为了对西部黑冠长臂猿的种群分布和保护现状有一个全面的了解，2008 年 10 月 14 日至 15 日，野生动植物保护国际在昆明动物所的学术报告厅举办了西部黑冠长臂猿保护现状及策略研讨会，为西部黑冠长臂猿的保护行动计划的制定提供了最新的信息。

（4）海南长臂猿现状调查与评估

海南长臂猿仅分布于我国的海南岛，是我国的一级保护动物，被世界自然保护联盟列为极危物种和全球最濒危的 25 种灵长类之一。海南长臂猿野外种群调查和栖息地快速评估于 2003 年 10 月开始，由霸王岭保护区、海南林业厅、野生动植物保护国际与香港嘉道理农场与植物园保护项目共同组织和参与。该项目的总体目标是评估霸王岭保护区和没有分布在保护区内的海南长臂猿种群现况及其受威胁情况。这次调查确认了霸王岭自然保护区内海南长臂猿的野外种群数量和栖息地受威胁状况。此次行动还促成了以保护为目的的长臂猿保护协调小组的成立。

（5）东部黑冠长臂猿现状调查与评估

东部黑冠长臂猿在世界自然保护联盟红色名录中被列为全球极度濒危物种，同时也是世界最濒危的 25 种灵长类之一，一度被认为已经灭绝。2006 年，野生动植物保护国际、香港嘉道理与广西壮族自治区林业局分别组织的两次野外调查工作取得了突破性进展，在中国的相邻地区发现了 3 群东部黑冠长臂猿，已经被认为消失多年的东部黑冠长臂猿在广西靖西县境内被发现。2007 年 9 月，经过野生动植物保护国际中国和越南项目的协调，在广西壮族自治区林业局、靖西县政府和县林业局的支持下，中越项目联合开展了东部黑冠长臂猿种群数量与栖息地同步野外调查。

2. 受威胁树种现状评估

野生动植物保护国际中国项目从 2004 年开始关注受威胁树种的保护，首先对受威胁树种进行评估，确定优先保护物种，然后开展针对性的保护行动。根据评估，野生动植物保护国际选择了 5 种木兰科树种和 2 种针叶树种作为优先保护对象，并对这些物种的受威胁和保护现状进行快速评估。

（1）两种濒危针叶树种的现状评估

崖柏是中国大巴山脉特有的濒危植物，1998 年被世界自然保护联盟全球受威胁树种红色名录列为野外灭绝的物种。1999 年崖柏在野外被重新发现，分布在重庆市大巴山自然保护区、雪宝山保护区和四川省花萼山保护区。崖柏目前仍然被评估为全球极度濒危的物种，也是世界上最濒危的针叶树种之一。大果青杆被列入世界自然保护联盟红色名录和国家濒危物种红色名录（1992 年）。该项目总体目标是评估这两个濒危树种的生境现状，确定已知种群的受威胁状况，探讨这两个物种野外生殖能力低下的原因，改善这两个树种繁殖和生长的技术。英国林业委员会的专家加入该项目，对针叶树种在繁殖和保护研究方面提供相关知识和技术支持。在野生动植物保护国际的协调下，越南针叶树种项目与中国项目交流经验。

（2）云南 5 种濒危木兰科植物的现状评估

2004 年 6 月，世界自然保护联盟物种生存委员会全球树木专家组与野生动植物保护国际一起在昆明召开了以世界自然保护联盟红色名录更新为主要目的的中国木兰科植物优先保护评估研讨会。研讨会对 42 种木兰科植物作了评估，野生动植物保护国际与专家一起确定了其中 5 个为优先保护物种：华盖木、大果木莲、凹叶木兰、显脉木兰、西畴含笑。

该项目目标是评估分布在中国西南和越南边境的 5 种濒危木兰科植物的种群及栖息地现状；与当地利益相关者进行合作，确定优先保护物种和种群的野外种群恢复工作；探讨中国木兰在国际园艺贸易方面的需求情况，并评估对野外种群的影响；通过园艺学技术手段进行中国木兰的迁地保护研究工作；引导和培养公众对濒危的木兰科树木的保护意识。该项目执行时间为 2005 年 6 月至 2007 年 1 月。项目在中国和英国同时开展，主要针对 5 个优先物种进行全面的野外调查，评估园艺贸易对野外种群的影响、评估物种的受威胁状况，并提出保护对策，促成中越边境联合调查的保护行动。通过调查这 5 种木兰的受威胁状况，该项目向当地政府部门提出保护措施，其中华盖木的野外种群恢复计划已经作为优先保护行动于 2007 年启动。该项目也完成了《中国濒危的木兰科植物保护现状》报告，印制了《云南十种受威胁木兰科植物保护手册》。

3. 喀斯特地区生物多样性调查

喀斯特地区野生动植物种类丰富，物种丰富度极高。然而该地区坡陡谷深，土层浅薄，生态系统极为脆弱，生物多样性面临严重丧失的风险。野生动植物保护国际中国项目于 2008 年开始首先针对广西石灰岩地区在生物多样性保护方面存在的威胁和限制因素，首次在省级层次上运用生态系统途径保护生物多样性。该项目的战略目标是使生物多样性因素纳入广西经济和社会发展规划，并使广西，特别是其西南石灰岩地区丰富而又独特的生物多样性得到更有效的保护。

4. 高原野生动物调查

青藏高原野生动物资源丰富，种类繁多，种群大。近几十年来，随着人类干扰的不断加大，对野生动物形成较大威胁，生物多样性出现退化、野生动物减少、草地持续退化、湿地丧失。野生动植物保护国际同当地的保护组织和政府部门合作，制定了青藏高原野生动物保护行动计划，并合作开展了一系列保护活动。在这里我们主要介绍新疆阿尔金山藏羚羊调查与监测项目。

藏羚羊是中国青藏高原的特有动物，是生活在海拔最高地区的偶蹄类动物、国家一级保护动物，也是列入《濒危野生动植物种国际贸易公约》中严禁进行贸易活动的濒危动物。由于藏羚羊独特的栖息环境和生活习性，目前全世界还没有一个动物园或其他地方人工饲养过藏羚羊，而对于这一物种的生活习性等有关的科学研究工作也开展甚少。该项目的目标是全面调查和监测阿尔金山藏羚羊的种群和栖息地现状，为更好地保护和管理阿尔金山藏羚羊种群提供科学数据，同时通过宣传和教育使当地社区居民对藏羚羊及其栖息地的重要性更为了解，提高当地居民的保护意识。

在野生动植物保护国际以及迪斯尼乐园、哥伦布动物园和匹兹堡动物园的援助下,对新疆阿尔金山藏羚羊种群长期的监测和保护行动于 2004 年正式启动。2004 年,该项目对藏羚羊的受威胁情况以及由于建设现代交通系统、非法偷猎、采矿,以及牧民搭建栅栏等行为对迁徙路线的影响进行评估。2005 年冬季,为了更好地了解藏羚羊在交配季节的求偶和统治行为,该项目在阿尔金山藏羚羊发情区进行了一次考察。2006 年夏季,该项目在阿尔金山南部的产犊区调查了雌性藏羚羊的受威胁情况。

保护行动与能力建设

野生动植物保护国际在濒危物种和生态系统的现状评估的基础上,采取相应的行动来降低受威胁的程度。比如在保护区和当地社区内支持开展长期的野生动植物巡护和监测,协助建立自然保护区和保护小区,以及在当地通过培训等方式协助保护能力建设,包括受威胁灵长类监测与巡护、受威胁树种保护行动、高原野生动物监测与巡护、自然保护区规划与管理、青藏高原草地可持续管理。

1. 受威胁灵长类监测与巡护

通过对极度濒危灵长类的受威胁和保护现状进行快速评估,我们发现非法的偷猎和森林砍伐还在威胁着长臂猿的种群及其栖息地。为了全面了解长臂猿的野外生态习性及行为特征,使长臂猿野外种群时刻处在被监测和保护当中,野生动植物保护国际中国灵长类项目与地方保护区合作首先对海南长臂猿和东部黑冠长臂猿开展野外监测与巡护工作。这里我们主要介绍东部黑冠长臂猿的检测和巡护项目。

东部黑冠长臂猿的监测与巡护项目通过对东部黑冠长臂猿的监测和巡护,了解该濒危物种的野外生态习性、行为特征及其野外现状,使长臂猿野外种群处在被监测和保护当中,保护东部黑冠长臂猿种群及其栖息地。从 2007 年年初起,在野生动植物保护国际的资助下,4 名社区护林员开始对邦亮东部黑冠长臂猿生活的那片林区进行日常巡护和长臂猿种群监测工作。从 2007 年 12 月起,巡护工作随着邦亮林区建立自然保护区的进程而日益完善,野生动植物保护国际支持的东部黑冠长臂猿研究小组在邦亮林区开展为期两年的生态学研究工作，具体的研究内容包括：东部黑冠长臂猿的栖息地调查；东部黑冠长臂猿一个年周期的食性，了解黑冠长臂猿取食的植物种类、食性的日变化和季节性变化；东部黑冠长臂猿一个年周期的时间分配数据，了解黑冠长臂猿时间分配的日变化和季节性变化；东部黑冠长臂猿对栖息地的选择和利用模式。

2. 受威胁树种保护行动

在濒危木兰科树种和针叶树种野外调查和评估的基础上，野生动植物保护国际中国项目首先对极度濒危树种华盖木和大果青杆开展自然回归和种群重建行动。这里我们主要介绍华盖木回归自然与种群重建项目。

华盖木早在 1999 年就被列入国家一级重点保护野生植物。该项目目标是要完成华盖木的自然回归、回归植株生长发育的动态监测、科学数据采集和分析等工作，增加华盖木原生境种群的数量，预测回归群体的发展趋势和成功实现其种群恢复或重建的可能性，为其他濒危植物，特别是木兰科濒危类群的回归提供理论和技术指导，并通过该项目的实施，使得保护区保护管理的能力得到加强。在项目实施过程中，通过对保护工作人员及群众的专题培训，提高他们对珍稀濒危植物及其赖以生存的环境的保护意识。2007 年 11 月，"华盖木回归自然及种群重建"项目正式启动。项目建立在 2005 年及 2006 年对五种濒危木兰科植物进行的野外调查的基础之上，由野生动植物保护国际、昆明植物园、云南文山州林业局种苗站，以及云南文山州国家级自然保护区管理局小桥沟分局合作实施。2007 年 11 月，来自小桥沟管理分局、文山州林业局种苗站的 20 多人，参与了华盖木的第一次回归行动，回归了 3 个不同龄级的苗木 200 株，并为每株树苗加上了唯一性标志，绘制了回归树苗位置图。2008 年 3 月，对回归植株进行统计，两个回归地点回归植株的存活率很高。

3. 高原野生动物监测与巡护

野生动植物保护国际中国项目对青藏高原野生动物进行调查和评估发现，当地牧民的过度放牧和偷猎行为严重限制了野生动物的种群和植被的恢复。

因此野生动植物保护国际中国藏区项目联合当地保护组织和政府部门，开始对青藏高原野生动物进行调查和巡护，并对放牧进行了一定的控制。开展的项目主要有雪豹的监测和巡护以及高原湿地野生动物的监测和巡护。这里我们主要介绍高原湿地野生动物的监测和巡护。青藏高原环长江源生态经济促进会和治多县索加乡人民政府，通过加拿大保护组织对高原的建议，共建立了 5 个地方保护小区。其中一个是专门保护黑颈鹤，一个是保护整个湿地。自 2005 年开始，野生动植物保护国际协助青藏高原环长江源生态经济促进会申请到世界自然保护联盟的湿地保护项目资助，开展了以黑颈鹤为旗舰物种的湿地保护行动。项目活动包括对湿地野生动物进行调查和巡护以及对放牧进行一定的控制。该项目的目标是提高湿地监测的技能和生态系统知识的了解；与索加保护区合作，社区参与保护，与政府部门合作来提高他们的保护意识，收集他们基础设施的投资计划。该项目成功举办了第二届湿地鸟类保护节，举行了利益相关者参加的湿地保护会议。

4. 高原草地可持续管理

从 1999 年起，野生动植物保护国际就开始在藏区开展社区野生动植物保护活动。"原上草社区草地资源管理保护"项目（原上草项目）是野生动植物保护国际中国项目负责实施的一个生态保护性项目。该项目的目标是通过多方合作参与式的工作理念来寻求以草地资源为主的自然资源得到合理有效的管理，着力探寻和缓解项目区人与自然、家畜与草地等冲突和矛盾的问题。2008 年 5 月，原上草项目正式启动。此项目将通过支持当地社区及利益相关者，提高他们的技能，共同参与管理草地资源和自然资源。项目期限为 5 年，项目实施点初步定在四川省甘孜地区和青海省玉树地区。2008 年 7 月，在四川的石渠县境内对项目预选的 5 个社区（其中一个属德格县管辖）进行了走访。

5. 自然保护区规划与管理

开展自然保护小区建设是自然保护区建设的一个补充，可以更好地维护生物多样性，保护生态环境，实现与传统保护相结合。2003 年起，野生动植物保护国际中国项目陆续开始在青海索加、西藏甘孜以及广西亮邦等地区开展自然保护小区的建设和管理行动。该项目在中国开展的工作主要有广西西南地区自然保护小区的规划和管理、广西邦亮自然保护区的社区参与式规划、甘孜州自然保护小区的建立和管理、索加地区 5 个民间自然保护区的建立和管理。

多方参与保护与可持续社区

野生动植物保护国际促进政府、企业、民间机构、社区、科研团体等在保护和发展层面的合作，协助发展资金的投入和保护行动的启动，努力实现保护与发展和谐的可持续社区，包括以社区为基础的野生动植物保护、青藏高原可持续社区发展、管理导向型的参与式保护区计划、保护区周边以保护为基础的发展计划。这里我们简单介绍一下以社区为基础的野生动植物保护，其他的由于篇幅限制就不一一介绍。

社区共管是一种保护区与周边社区长期共生、共存、共发展的保护发展模式，建立在保护区和社区双赢的合作理念之上。野生动植物保护国际中国项目首先对濒危灵长类保护区的周边社区开展社区共管行动。该项目在中国开展的工作有海南长臂猿保护区周边社区参与保护以及广西靖西县东部黑冠长臂猿保护区周边以保护为基础的社区发展。在这里，我们主要介绍广西靖西县东部黑冠长臂猿保护区周边以保护为基础的社区发展。该项目目标是对极度濒危的东部黑冠长臂猿及其栖息地进行长期有效的保护；开展关于东部黑冠长臂猿及其重要性的保护意识宣传活动；通过对社区发展需求的综合响应和保护能力的提高，共同努力达到保护和发展的协调和相互促进。2008 年 3 月，野生动植物保护国际中国项目选择最靠近东部黑冠长臂猿栖息地的 5 个村，开展了保护区周边社区参与式的资源利用与社会经济状况调查。2008 年 4 月，野生动植物保护国际又组织包括社区专家、广西世行全球环境基金项目保护区和林业局工作人员、社区护林员组成的一支 20 人的调查队，对拟建的邦亮东部黑冠长臂猿保护区周边社区开展了参与式社区发展规划调查和保护区与周边社区的边界协商工作，并召开总结座谈会，对此次参与式社区发展规划调查获得的资料进行了汇总和整理。通过对资料的总结，编写了《拟建邦亮东部黑冠长臂猿保护区周边社区参与式社区发展规划调查报告》。

保护政策倡导和意识培养

　　利用实地实践积累的经验，积极参与自然保护与发展政策的制定与实施过程，通过主题活动等参与式活动，增加人们对自然的兴趣、对保护的支持。包括区域生物多样性保护战略与行动计划、生态影响评价指南、野生动植物保护主题活动、长臂猿保护学习中心系列环教活动、野生动植物野外观察指南系列、野生动植物保护手册系列。在这里限于篇幅限制，我们只简单地介绍一下。区域多样性保护战略与行动计划项目在中国参与的工作主要有中国—欧盟生物多样性项目广西示范项目、中国—欧盟生物多样性重庆示范项目、都江堰市生物多样性保护策略与行动计划。野生动植物保护主题活动有青海索加地区雪豹节。生态影响评价指南方面工作有广西石灰岩地区生态影响评价指南。野生动植物野外观察指南系列的工作有甘孜州野生动物图鉴、塔公野花指南、甘孜野花野外观察指南。野生动植物保护手册系列的工作有云南省 10 种受威胁木兰科树种保护手册。

国际绿色和平组织

组织概况

国际绿色和平组织，开始时以使用非暴力方式阻止大气和地下核试验以及公海捕鲸著称，后来转为关注其他的环境问题，包括水底拖网捕鱼、全球变暖和基因工程。

国际绿色和平组织起源于"不以举手表决委员会"，1971 年该委员会由一群加拿大人和美国人组成一支抗议队伍，乘一艘渔船，试图亲身阻止美国军方代号为 Cannikin 在阿拉斯加州安奇卡岛下进行的第二次地下核试验。自此之后，亲身到达破坏环境的现场，成为表达绿色和平及其支持者抗议破坏环境行为的重要方式。1972 年，该组织的名字改为"绿色和平基金会"。1979 年，绿色和平组织温哥华总部出现了经费问题，组织内部产生了基金筹款和组织方向的分歧，阻碍了全球的运动。其创始人 David McTaggart 游说加拿大绿色和平基金会接受一套新的结构，让分散的绿色和平办事处由全球一个统一的主办者协调。同年 10 月，国际绿色和平组织成立。

国际绿色和平组织宣称自己的使命是"保护地球、环境及其各种生物的安全及持续性发展，并以行动作出积极的改变"，旨在确保我们的地球得以永久地滋养其上的千万物种，致力于寻求方法，阻止污染，保护自然生物多样性及大气层，避免海洋、陆地、空气与淡水之污染及过度利用，追求一个无核（核武器）的世界，促进实现一个更为绿色、和平和可持续发展的未来。

为了保持它的独立性和中立性，国际绿色和平组织不接受政府和企业的捐赠，捐赠品会被拍摄以保证遵循这一条原则。该组织宣称：他们与其他环

保组织的最大不同处，在于他们坚持"中立性"——拒绝任何企业及政府的捐助，以使可以对各国及各大型企业的破坏环境行为加以指责。

国际绿色和平组织通常使用非暴力直接行动、与有关当局和国际公约组织进行谈判、借助研究结果提供关于环境问题的解决方法和选择、广泛推动环境技术与产品的发展来表达对环境问题的关心与抗议。组织当局关注许多环境问题，焦点主要集中在阻止全球变暖以及保持世界海洋和原始森林生物多样性。

虽然成立于北美，国际绿色和平组织却在欧洲取得了更大的成功，得到了更多的成员和资金。组织绝大多数的捐赠来源于普通成员，不过也有一些来自于名人。目前在全世界已经有 250 万以个人作为名义的会员在支持着绿色和平组织。国际绿色和平组织主要的人员来自各种领域，使得其诉求与建议更加具有可信度，这些专业人员包括环境问题的专家、通讯领域之媒体专业人士、政经单位中的老手，及来自英国与乌克兰两个科学实验室的工作人员等。"绿色和平号"则航行于各个国家与地区之间，意图发现地方的环境问题。

主要活动

国际绿色和平组织在环境保护方面发挥着重要作用：禁止输出有毒物质到发展中国家；阻止商业性捕鲸；50 年内禁止在南极洲开采矿物；禁止向海洋倾倒放射性物质、工业废物和废弃的采油设备；停止使用大型拖网捕鱼；全面禁止核子武器试验（这是绿色和平最早和永远的目标）。同时，国际绿色和平组织在气候变化、空气污染和电子垃圾方面也做出了成绩。

禁止向海洋倾倒放射性物质

国际绿色和平组织认为海上倾废不但严重毒害海洋动物及植物，并污染全球日益减少的海产。20 世纪 90 年代初，大约有 80% ~ 90% 的倾倒废料来自挖掘港口的污染物，其他污染来源包括工业废料、下水道污物、辐射性物质及焚化炉的微粒。10%的淤泥被重金属污染，这些重金属是从陆上流入海里，部分亦是从油轮、工业及家居废物中释放出来的，而且，即使把非污染性物质倒进海里，亦会对海洋生态造成潜在威胁。因此绿色和平组织呼吁禁止向海洋倾倒放射性物质。

阻止商业性捕鲸

国际绿色和平组织阻止捕鲸的努力促成了 1976 年在英国伦敦召开的国际捕鲸委员会会议。现在的国际绿色和平和日本绿色和平年年都会到南极海作反捕鲸示威。2007 年，日本绿色和平设立了 whalelove.jp，这是一个反捕鲸的网上电视频道，利用 youtube.com 发放反捕鲸咨询，一星期一集。

食物安全

国际绿色和平组织认为："假如我们现在不立刻行动，制止基因改造，数年之后，我们的大部分食物都将会是经过基因改造的'科学怪物'。"发展基因改造技术的跨国企业，极力让大众相信这些食物都是经过严密测试的，不仅安全，而且营养丰富。可是，独立的科学家却提出警告，指出人类现在对基因的了解极其有限，因此，他们认为这种科技是充满瑕疵、危机四伏的。基因改造生物对环境和人类健康有何影响，目前人类尚未确知。因此，国际绿色和平组织相信，把任何基因改造生物放在自然环境中培育种植，将引致无法还原的改变，其患无穷，是极不负责任的行为。这些生物会酿成基因污染，可能对环境造成循环不息、层层递增的人造灾难。

森林保护

地球上的森林能吸收二氧化碳、产生氧气、固定泥土、调节气候、平衡水的循环系统，并且提供动物及植物一个相当理想的栖息处。原始森林蕴含着丰富的生物资源，对自然生态产生平衡的作用。丧失宝贵的原始森林，便等于失去优美的自然环境、未来经济发展的机会，以及濒临绝种的生物。再甚者是会引致全球的气候变化。绿色和平积极与政府和企业展开对话和合作，以及通过对消费者进行教育推广，提高对森林友好性纸张的认识，保护地球上仅存的原始森林。国际绿色和平组织成功促使加拿大和英国《哈利·波特》的出版商在该书新版中使用再生纸和经 FSC 认证的纸张；推动巴西政府保护 44 万公顷的亚马逊雨林；经过国际绿色和平组织的努力，加拿大政府终于将 200 万公顷的大熊雨林设为保护区。

反对核试验

国际绿色和平组织反对战争，支持以非暴力途径化解冲突，并主张消除任何国家拥有的所有杀伤力大的武器。从 1971 年绿色和平组织建立以来，就一直尽力在阻止各式的核子武器以及其使用、促进世界和平、全球军武裁减及不使用暴力，也将继续朝着零核的方向迈进。在国际绿色和平组织的抗议下，法国于 1995 年停止了核试验计划。绿色和平组织也成功促使西班牙政府承诺放弃核能。

电子垃圾

国际绿色和平组织透过行动和发布绿色电器调查指南，向各大电子企业提出改善环保政策的诉求，包括停止在产品生产过程中使用有毒物质和承担收回电子废物的责任。国际绿色和平组织成功促使阿根廷政府发布禁令，禁止使用耗费能源的传统灯泡；在国际绿色和平组织的努力下，美国国会禁止在儿童玩具中使用聚氯乙烯塑料；国际绿色和平组织经过三年的努力，促使戴尔、宏基与联想三大电脑产品公司承诺逐步停止在产品中使用有毒化学品原料。

在中国的项目

国际绿色和平组织中国分部建立于 1997 年 2 月，活动空间覆盖内地（大陆）、香港、澳门和台湾。绿色和平香港成立于 1997 年，2002 年以来开始在内地地区开展工作。最初，绿色和平的办公室设在广州市中山大学校内，在那里它发起了一项关注食品安全的活动，通过一个建设绿色社区的计划倡导"绿色广州"。其后，绿色和平在北京设立了办公室，打算培养出一支中国的员工队伍，能够将宣传技巧与他们已经深入掌握的环境专业的知识结合起来。绿色和平现正在全国范围内展开监测环境问题的工作。同绿色和平在其他国家的分部一样，绿色和平中国分部严格不接受政府和公司的资助。

气候变化

经过三次对珠峰及黄河源地区的实地考察，国际绿色和平组织公布了青藏高原冰川消融的考察结果，并呼吁全世界采取行动控制温室气体排放。绿色和平与科学家在青藏高原进行考察，发表《黄河源之危》报告，指出气候暖化导致黄河源区生态恶化，包括水土流失、植被覆盖降低和湖泊干涸。

森林保护

国际绿色和平组织成功游说中国最大的家居建材零售商百安居承诺在中国不销售任何可能来自非法采伐的木制品，并保证到 2010 年其在华所销售的全部木制品均来自于经过认证的可持续的森林资源。

国际绿色和平组织对金光集团在海南省非法毁林的行为进行调查并发表报告。在舆论压力下，金光集团致函中国政府承诺将遵守中国法律，停止非法毁林行为。国际绿色和平组织发起大规模的公众参与项目"拯救森林，筷行动"，成功地与超过 2 万市民一起行动，说服了北京近 500 家饭店承诺停止提供一次性筷子。

食物安全

国际绿色和平组织成功推动香港特区立法会大多数通过议案，严格监管食物中的残余农药。香港政府承诺制定农药残余标准，订立《食物安全法》并以规管蔬果为优先处理项目；在香港发布《避免基因改造食物指南 2008》，超过 235 个品牌承诺不使用基因改造原料，当中包括新承诺的知名食品品牌百威、首选及超值等；揭露全球第二大食品公司卡夫在中国销售含有转基因

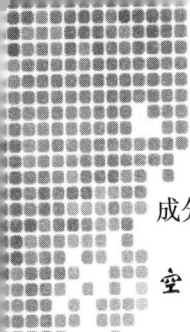

成分的产品，经过长达半年的协商，卡夫承诺在中国停止出售转基因食品。

空气污染

国际绿色和平组织在香港推出《空气污染真相指数》，引起公众对香港空气污染的关注，并使香港特区政府承诺根据世界卫生组织指引修订香港过时的《空气质素指标》。

电子垃圾

国际绿色和平组织揭露香港新界存在多个露天电子垃圾处理场进行电子垃圾的中转贸易。事件曝光后引起公众与媒体的广泛关注，并促使特区政府修改相关法律。此外，全国人民代表大会通过《可再生能源利用法》，鼓励可再生能源在中国的应用。绿色和平作为唯一的非政府组织被邀请参与了该法的咨询过程。绿色和平组织发布了《风力12在中国》，是中国第一份对风电发展的蓝图式报告；发布了《煤炭的真实成本》报告，首次计算出煤炭使用造成的环境、社会和经济等外部损失，国家发改委随后表示，煤炭价格改革是必然的方向；对北京奥运会的环境工作进行独立评估，并发布环境评估报告，国际奥组委给予明确回应，表示将把绿色和平的建议纳入今后持续的评估体系中。

国际野生生物保护学会

组织概况

　　国际野生生物保护学会，简称WCS，总部位于美国纽约布朗克斯动物园，是世界上最早的野生生物保护组织，它的历史可以追溯到1895年4月26日，纽约州特许建立的纽约动物学协会。同时它也是美国最大的国际自然保护组织之一，是一个致力于保护野生生物及其栖息地的非营利性的国际性组织。国际野生生物学会的创始人Andrew H. Green同时也是纽约市的创始人；另一创始人Henry Fairfield Osborn是哥伦比亚大学教授，也是美国自然历史博物馆的馆长；Theodore Roosevelt以及其他几位有名望的纽约人士都参与了该学会的创建工作。

　　国际野生生物保护学会的总部"纽约动物学公园"的选址是由华盛顿国家动物园的奠基人、自然学家William Hornaday先生为带头人挑选的，同时也由他选定了馆长、看护人及其他工作人员，并于1899年11月8日开工建园。纽约城为建立这个新的动物园提供了用地，并为建设和年度运转提供了部分资金。纽约动物园的成功建立使国际野生生物保护学会与市政府的关系更加密切。1902年，国际野生生物保护学会接管了纽约水族馆，继而在曼哈顿建立炮台公园。20世纪50年代中期，国际野生生物学会在布鲁克林康尼岛建立了一座新的水族馆。随后，纽约市又请求国际野生生物保护学会更新和管理三个分别位于曼哈顿、布鲁克林和皇后区的市政设施。继1992年布鲁克林前景动物园和1993年皇后动物园开放后，经过重新设计修建后的中央公园也于

1988 年开放。这种市政府与自然保护组织之间的合作关系已经持续并完善了 100 多年。

国际野生生物保护学会注重与政府、社区合作，共同开展长期的野外科学研究，用收集到的野生生物与生态系统的一手信息推动保护工作，并且由于它的知名度和受到的尊重，它在全球范围内同许多政府机构和当地自然保护组织建立了许多富有成效的关系。

主要活动

国际野生生物保护学会拥有明确的目标：力做野生生物保护的先锋，促进动物学的研究，创建一流的动物园。其策略是支持综合的野外研究课题，培训当地的自然保护专业人员来保护和管理野生生物种群。基于此，国际野生生物保护学会开展的活动主要有设立野外研究课题，建立野外工作计划，派遣专家赴世界各地医治野生动物和培训当地兽医，国际野生生物保护学会的教育部编写以强化自然保护内容的中小学教材并在世界各地举办教师培训班。国际野生生物保护学会除纽约总部外，国际保护项目在亚洲、非洲、拉丁美洲、南美洲及北美洲开展有 300 多项野外科研项目。同时设在纽约的亚洲项目可支配其他国际保护项目的资源，如财务、法律、行政和人力资源。

在中国的项目

国际野生生物保护学会在中国的工作始于 20 世纪 80 年代。当时，乔治·夏勒博士受邀代表国际野生生物保护学会进入中国，在四川和羌塘开展大熊猫与高原有蹄类的研究保护工作，其间和各级政府部门以及研究机构建立了合作关系。而国际野生生物保护学会全球项目在夏勒博士工作的基础上，也于 1996 年在上海正式建立了国际野生生物保护学会中国项目办公室，以老虎和藏羚羊为代表性物种，构建国际野生生物保护学会在中国的项目。2005 年，中国项目的总部转移到北京。

　　国际野生生物保护学会中国项目已经形成了一个系统的工作框架，开展了西部保护项目（西部青藏高原和帕米尔高原有蹄类保护）、跨国界的东北虎保护项目、两栖爬行动物项目（长江中下游地区扬子鳄和斑鳖的保护）、野生动物贸易项目以及教育项目（覆盖全国的野生动物贸易控制以及野生动物保护宣传教育项目）。其范围涵盖了关键物种和生物多样性的保护、公众意识和环境教育、野生动物贸易调查以及景观水平的规划。

国际中国环境基金会

组织概况

　　国际中国环境基金会，简称 IFCE，是一批关注中国环境问题的科技及专业人士于 1996 年在美国创立的国际环境组织，2002 年被联合国评定为主要环境组织之一，基金会设立顾问委员会、董事会、执行机构及会员网，总部在美国首都华盛顿，在北京、上海、武汉、深圳设有代表处。

　　国际中国环境基金会的宗旨是通过帮助中国解决环境问题来保护人类的环境和资源，促进可持续发展。目标是支持和帮助中国民间环境组织的发展，促进新环境技术在中国的应用和推广；促进政府、民间组织及企业间在解决环境问题上的双边及多边合作；开展公共环境教育和培训项目，向中国政府有关部门提供环境管理与资源保护的战略性建议；加强公众理解环境问题与人类生存的关系。

主要活动

　　国际中国环境基金会的活动主要有民间环境组织发展和支持技术交流与合作以及环境教育与培训政策咨询。国际中国环境基金会在中国开展工作始于 1997 年，在中国的活动主要有政策建议和技术交流、对非政府组织的发展和支持、教育和培训等。

　　政策建议和技术交流：国际中国环境基金会已向中国人民政治协商会议

提交了多项政策讨论的论文和建议。2003 年提交了"中国西部植被恢复和改善农民生活条件"的报告。该基金会还推动中美专家和政策制定者进行了一系列的交流互访。此外，它还召集了多次环境方面的研讨会，2004 年 10 月，与中国科学院联合在甘肃省举办了干旱地区的气候变迁和可持续发展研讨会。

对非政府组织的发展和支持：从 2001 年到 2003 年，国际中国环境基金会联合组织了多次有关国际环境合作的 NGO 论坛。2003 年该论坛是国际中国环境基金会与中国人民大学及北京"地球村"合办的，吸引了 426 位国内外人士参会。2003 年 4 月由北京世华联投资咨询有限公司发起，由美国公司和国际中国环境基金会（美国）及自然人联合组建以中国国际商桥网络为平台的国际商务服务机构，立足于北京，服务全国，并利用在以美国为主的发达国家的广泛商务关系，为中外企业间的往来交流、投融资、贸易与合作提供桥梁工作，为政府、企业间的沟通与招商引资提供服务，还特别为中国民营企业、个体户、中小企业提供海外发展、科技成果转化、海外创业、产品代理、合资合作等系列服务。2006 年，国际中国环境基金会与世界华商联合发展促进会（世界最大的华人组织，总部在美国，由国际名人及华人华侨组织，主要从事国际商务培训、国际名家及民间组织交流）等组成战略合作伙伴关系，以全世界不断更新的 3000 家左右创业投资商、杰出的 300 家创投基金和 200 多名个人投资者、700 个专业从事企业并购上市为主的坚强的资源库为后盾，为国内外企业提供各类国际商务、投融资等服务，产业园区策划，管理服务等。

教育和培训：国际中国环境基金会已经主办了一系列的儿童艺术比赛和出版活动，还在西安建立了一家儿童环境艺术教育基地。

国际鹤类基金会

组织概况

国际鹤类基金会，简称 ICF，是由一些鹤类爱好者在 1973 年成立的，其创始者希望它能成为全球领先的鹤类研究和保护中心。国际鹤类基金会的宗旨是保护各种鹤类和它们赖以生存的湿地和草地，通过提供经验、知识和鼓励，让人们参与到解决生态系统的危机中来。

尽管关注点非常单一，但该基金会指出：鹤类的兴衰是鹤类生存的湿地和草地的生态系统整体是否健康的绝佳指标，从这个意义上讲，鹤类是一种"旗帜物种"。

在国际鹤类基金会的总部，美国的威斯康星，该基金会保留了一套被捕获的各种鹤类，以供科学研究之用，也用来繁育鹤类并放归野外。此外，该基金会也支持研究公众教育活动，以及全球的湿地和草地保护。

在中国的项目

国际鹤类基金会在中国开展工作始于 1997 年，从那时起，国际鹤类基金会多次主办了水鸟种群和栖息地的调查，还支持了对环境保护工作者的培训。

1992 年，国际鹤类基金会与美国渐进组织和贵州市环保局合作，在贵州草海自然保护区开始了一个社区发展和自然保护项目，为数以万计包括黑颈鹤在内的水鸟提供冬季栖息地。为了让当地农民不侵害水鸟的栖息地，项目的各合作方为当地农民自己创业提供启动资金和技术支持。国际鹤类基金会还设立了多个社区基金以支持当地社区发展的多个计划。草海项目，已经被广泛地赞誉为将环境保护和当地社区发展很好的协调起来的样本，该项目也得到了福特基金会的资金支持。

2003 年，在全球环境基金会的资助下，国际鹤类基金会开始与国家林业局合作进行了

黑颈鹤

一个项目，以保护白鹤在俄罗斯和中国两地间的迁徙通道。该项目覆盖了 5 个国家级自然保护区，分别是位于江西的鄱阳湖自然保护区、位于吉林的向海自然保护区和莫莫格自然保护区、位于黑龙江的扎龙自然保护区以及位于内蒙古的科尔沁自然保护区。在项目区开展的活动有培训保护区的工作人员、在保护区内的社区发展项目。

中国中科院昆明动物所鸟类课题组与全国鸟类环志中心、国际鹤类基金会等机构合作，从 2005 年开始，首次利用卫星跟踪技术，追踪东部黑颈鹤的迁徙。研究人员将卫星发射器绑在黑颈鹤背上，利用卫星接收黑颈鹤所在位点的数据，采用 GIS 技术对结果进行处理分析。通过 3 年的观察研究，获得了黑颈鹤从越冬地飞往繁殖地的 10 条迁徙路线，以及从繁殖地飞往越冬地的 5 条迁徙路线，并评估了黑颈鹤重要停歇地点栖息地状况，以及现有保护区对黑颈鹤保护的效能。该研究结果为物种保护提供了重要的信息，在衡量物种保护和实施国家政策如退耕还林还草时，提供了非常有针对性的建议。

国际节能环保协会

组织概况

国际节能环保协会，简称 IEEPA，是一个致力于维护节能与环保建设及人类生存与可持续发展的全球性组织，倡导节能环保、维护可持续发展，由成立于美国的国际环境科学研究中心联合相关国际环境科研院校、国际节能、环保组织和一些国际认可的专家组成，是依法成立的国际性节能环保协会。

国际节能环保协会的宗旨是配合支持联合国可持续发展委员会（1992 年 6 月联合国环境与发展大会通过的《21 世纪议程》决定于 1992 年第 47 届联大上审议建立"可持续发展委员会"）开展全球范围内的节能环保促进活动。协会特别针对世界各国提出的节能环保、生态和谐等关于人类可持续发展战略及措施，配合国家及地区相关部门和媒体监督，协助节能规划和科技创新重点推荐企业项目实施，促进节能环保、技术创新和科技成果产业化，进一步推进节能环保、科技创新事业的科学、健康、可持续发展。

在中国的项目

国际节能环保协会特别关注中国近 20 年来的经济高速增长与节能环保、社会可持续发展问题，并在中国北京设立秘书处与授权机构，全面负责中国范围内在国际节能环保协会的指导下进行的相关业务与活动的开展。国际节能环保协会在中国开展的工作有：

促进节能环保、科技创新国际合作，组织国内外高新技术项目孵化；

协助进行国家相关行业节能环保新技术新产品的推广应用；

组织与承办"节能环保、科技创新"年度高端国际论坛与会议；

开展国内外学术交流、项目培训、技术咨询、投融资、信息传递等服务；

组织实施"节能环保、科技创新"理事会，协调与沟通政府与企业之间的相关工作；

协助评估节能环保与高新技术企业，重点扶持项目评审与推荐工作；

提供国家高新技术企业认定咨询、发展与评价中心专家合作；

提供国家重点新产品、火炬计划、国家科技成果重点推广计划咨询与协助；

共同与国家相关部门（建委、科技局等）、专家委员会组织节能环保宣传活动；

组织国际环境科学研究中心相关监制认定推荐，以及国际环境公益发展奖金名额推荐；

为海外成员提供国内采购、产品、生产加工、技术合作与贸易支持等服务项目；

提供依托产业平台开展的节能、环保、能源、材料、建筑等技术与行业服务；

高新技术及产品赴美国、欧洲等市场项目、国外高新技术合作引进；

组织实施"节能环保、科技创新"重点推荐项目年鉴。

国际地球之友

组织概况

国际地球之友，简称 FOEI，是著名的环境非政府组织之一。1969 年，David Brower 辞去美国塞拉俱乐部执行长职务，之后筹建新组织。1971 年由美国、法国、瑞典与英国的四个组织组成国际地球之友。国际地球之友拥有一个小型秘书处，1981 年设置，位于阿姆斯特丹，协助此联盟体系运作与协调共同行动。执行委员会由各成员团体选出，参与制订政策并审查秘书处工作。

国际地球之友最早的成员都集中在北美洲和欧洲。20 世

携手共同努力，保护地球家园

纪 80 年代期间，地球之友吸纳亚洲、中南美洲与非洲的团体。直到现在，国际地球之友已发展成为一个国际间 70 余国环保组织组成的网络，如英国地球之友、韩国环境保护运动联盟、德国环境与自然保护联盟等。

国际地球之友的网络相对于其他联盟较为松散，其成员团体多是在各国已经成立的环保团体，为了与国际联结而加入国际地球之友体系，因此偏重独立运作，偶尔在行动、研究与会议上进行合作。也因为如此，国际地球之友成员拥有草根特性，能发挥区域整合的力量。

主要活动

国际地球之友的愿景为根植于与自然和谐共存的社会的一个和平与永续的世界。其宗旨包含下列六点：

携手确保环境与社会正义、人类尊严，并尊重人权与人类拥有安全永续社会之权利；

停止与逆转环境之弱化与自然资源之损耗，培育地球的生态与文化多样性，确保永续的生计；

保障原住民、地方社区、女性、团体与个人的赋权，并确保决策的公共参与；

以有创意的途径与方式，朝向社会永续与平等方向进行转变；

投入活跃的行动，唤起意识、鼓励民众并与不同的运动组成联盟，联结草根、国家与全球的抗争；

激励彼此，利用、强化并补充彼此的能力，共度变迁，期望能团结合作。

与其他环境组织一样，国际地球之友近年来也改变了就环境问题谈环境的做法，转而将环境问题与社会问题及发展问题联系起来，既扩大了活动领域，也扩大了影响。国际地球之友认为，环境问题有其社会、政治和人权的背景。他们的运动，伸展超越了传统舞台的保护运动和寻求解决的经济和发展方面的可持续性。值得关注的是，国际地球之友还是反全球化运动的一支重要力量。

国际地球之友的运动：气候变化；企业和公司问责制；基因改造；森林；国际金融机构，如国际货币基金组织、世界银行和出口信贷机构；贸易及其对环境的可持续性。

保护国际

组织概况

保护国际，简称 CI，成立于 1987 年，是一个总部在美国华盛顿特区的国际性的非盈利非政府性环保组织，其宗旨是保护地球上尚存的自然遗产和全球的生物多样性，并以此证明人类社会和自然是可以和谐相处的。

保护国际在全球生物多样性保护需求最迫切的地区工作，包括生物多样性热点地区、重要的海洋生态系统区，以及生物多样性丰富的荒野地区，该组织通过科学技术、经济、政策影响和社区参与等多种方法保护热点地区的生物多样性。保护国际并以和各地非政府组织与原住民形成伙伴关系而著称。

目前保护国际有超过 900 位雇员，在超过 40 个国家进行保护工作，其中 90% 的雇员是这些国家的公民，以非洲、亚洲、大洋洲与中南美洲雨林的发展中国家为主，并设有中国项目。

主要活动

保护国际成立之初，率先尝试进行了"还自然的债"，出资偿还玻利维亚的一部分国债。作为回报，玻利维亚政府承诺花费同等数量的资金用于保护它的邦尼生态保护区。"还自然的债"的交换模式已经成为国际环境保护中的一种常用的工具。

截至 2008 年年尾，共 19 年内，保护国际进行了 63 次野外考察及研究，并至少为科学界带来超过 700 种新物种。单是在 2008 年年尾，于巴布亚新几

人与环境知识丛书

内亚境内的热带雨林内就发现了超过 70 种新物种。

在中国的项目

保护国际在中国开展工作始于 2000 年，2002 年在中国设立办公室。目前，保护国际集中于加强对全球生物多样性"热点地区"的保护。

所谓"热点地区"，就是在生物多样性方面有重要意义，但是已经受到威胁的一些地区。其面积仅占全球陆地总面积的 1.4%，但是生物多样性占全球总量的 60%。中国西南山地是保护国际中国项目工作的重点区域，也是全球34 个生物多样性热点地区之一。它西起西藏东南部，穿过川西地区，向南延伸至云南西北部，向北延伸至青海和甘肃的南部。

保护国际中国项目从 2000 年开始，就一直在这一地区开展工作，旨在保护这一地区丰富的生态系统，使当地社区免遭经济和旅游业快速发展所带来的威胁。主要的活动包括：科学监测动植物种群，支持在特定点的保护项目，对环保 NGO 和自然保护区进行能力建设，推广藏族圣地的管理方法和其他的社会环境方法达到可持续保护，倡导对生态负责任的自然再生计划。

国际绿色产业协会

组织概况

国际绿色产业协会，简称
GIA，是以共同保护人类生存环境，
倡导绿色环保产业发展为宗旨，经
美、英等国政府批准成立的国际性
组织，并受联合国领导，开展绿色
产业事务和活动，总部设在美国。
创立至今，国际绿色产业协会影响
力遍及全球，尤其是在绿色、环保
等领域，在国际上享有极高的权威
性和最广泛的代表性。国际绿色产
业协会的绿色标志是一个得到欧美
各国政府、企业、消费者认可的知
名绿色标志，是国际公认的绿色标
志，使用该标志是企业实力、信誉、产品质量保证的象征。

国际绿色产业协会会徽

国际绿色产业协会致力于绿色环境保护，促进绿色经济发展，倡导绿色
消费，建立绿色产品国际贸易通道，积极为世界绿色环保事业作出贡献。国
际绿色产业协会的目标是联合国际上广大企业，共同保护我们的生存环境，
维护世界和平，倡导建立绿色工业、绿色农业、绿色家园，主要通过监督、

督导会员发挥组织作用，共同营造绿色产业，在全球范围内建立起绿色环境生态网的保护体系。

　　国际绿色产业协会在中国共设立 10 个分支委员会，包括环保产业委员会、绿色能源（节能）委员会、绿色饭店委员会、绿色食品产业委员会、绿色旅游产业委员会、绿色建材产业委员会、绿色消费品委员会、绿色家电产业委员会、城市绿色产业委员会、健康产业委员会。

贴有国际绿色产业协会标志的产品

国际野生动物关怀组织

组织概况

国际野生动物关怀组织，简称 CWI，成立于 1984 年，总部设在英国。其目标是为世界上任何地方处于危难中的动物提供援助，致力于同当地群众和地方政府一道减轻野生动物的苦难。

国际野生动物关怀组织采取的主要措施有：资助英国政府建立动物营救和保护中心，其保护和营救的野生动物种类繁多，包括獾、水獭、狐狸、海鸟、捕食海鸟动物、海豹以及海豚等；在保护非洲和亚洲的老虎、大象、大猩猩、乌龟、犀牛、黑猩猩、长臂猿和河马项目中也发挥了重要作用；通过教育来提高人们关爱动物的意识；资助对重大生态系统和动物福利的调查。

国际野生动物关怀组织的重大活动有：反对捕鲸运动、拯救毛衣岛海豚运动、禁止盗猎雪豹运动、禁止走私藏羚羊运动、取消麻醉盗猎大型动物运动、拯救鲸鱼运动等。

被盗猎的动物

超市明码标价的野生动物

全球环境基金

组织概况

　　全球环境基金，简称 GEF，是由联合国发起建立的国际环境金融机构。在 1989 年的国际货币基金和世界银行发展委员会年会上，法国提出建立一种全球性的基金用以鼓励发展中国家开展对全球有益的环境保护活动。1990 年 11 月，25 个国家达成共识建立全球环境基金，由世界银行、联合国开发计划署（简称 UNDP）和联合国环境规划署（简称 UNEP）共同管理。1991 年，全球环境基金开始正式运作，开始运作时基金总额为 15 亿美元，存续期为 3 年。

　　在促进地球环境方面，全球环境基金已成为全球最大的计划资助者。该基金的宗旨是以提供资金援助和转让无害技术等方式帮助发展中国家实施防止气候变化、保护生物物种、保护水资源、减少对臭氧层的破坏等保护全球环境的项目。

　　全球环境基金的机构包括成员国大会、理事会、秘书处、执行机构、科学技术咨询小组、国家联络员。其中成员国大会每 4 年召开一次，负责审议批准基金的总体政策，并根据理事会提交的报告审议评估基金的运作；理事会在华盛顿特区每半年召开一次会议或根据需要随时召开，决定基金规划的指导方针，理事会对非政府组织和社会团体代表的开放政策使其在国际金融机构中独树一帜；秘书处发挥着关键作用，对提交批准的项目有否决权；执行机构为世界银行、联合国开发计划署和联合国环境规划署；科学技术咨询小组是全球环境基金重要的技术咨询机构，可调动世界各国数百位科学家为执行机构就项目建议书的科学性和适当性提供建议；国家联络员帮助确保申请的项目来源于本国的优先领域。

作为一个国际资金机制，全球环境基金主要是以赠款或其他形式的优惠资助，为受援国（包括发展中国家和部分经济转轨国家）提供资金支持，以取得全球环境效益，促进受援国有益于环境的可持续发展。凡在 1989 年联合国开发计划署项目、人均 GNP 等于或低于 4000 美元的发展中国家，都有资格取得全球环境基金的资金用于投资项目和获得与此有关的全部援助。

主要活动

全球环境基金的四个重点资助领域：生物多样性、气候变化、国际水域及臭氧层。相关的解决土地退化问题的活动也可获得全球环境基金资助。

生物多样性

保持和可持续利用地球生物多样性的项目占了全球环境基金所有项目的近一半。在资金使用的政策、战略、优先项目及标准方面，全球环境基金接受《生物多样性公约》成员国大会的指导。全球环境基金在生物多样性领域的业务规划（OP）如下表所示：

OP1	干旱和半干旱生态系统
OP2	海岸、海洋和淡水生态系统
OP3	森林生态系统
OP4	山地生态系统
OP13	保护和可持续利用对农业至关重要的生物多样性

气候变化

全球环境基金资助的第二大类项目是针对气候变化的。作为《联合国气候变化框架公约》的资金机制，全球环境基金接受公约成员国大会对其在资金使用上的指导。气候变化项目旨在减少全球气候变化的危险，同时为可持续发展提供能源。全球环境基金关于气候变化的业务规划如下表所示：

OP5	消除提高能效和节能的障碍
OP6	通过消除障碍和降低实施成本促进使用可再生能源
OP7	降低温室气体排放能源技术的长期成本
OP11	可持续交通

国际水域

全球环境基金改变国际水域退化状况的项目受一系列区域和国际条约的指导并帮助实现这些条约的目标。这些项目使各国更多地认识并了解它们共同面临的有关水域的挑战、寻找合作的方法，并进行重要的国内改革。全球环境基金关于国际水域的业务规划如下表所示：

OP8	基于水体的业务规划
OP9	陆地和水域跨重点领域业务规划
OP10	基于污染物的业务规划

土地退化

由于土地退化与全球环境变化有着密切关系，全球环境基金也资助预防和控制土地退化的活动。森林的破坏和水资源的退化威胁到生物多样性、引发气候变化、扰乱水循环系统。考虑到《防治荒漠化公约》的目标，全球环境基金的许多项目结合以上四个领域来解决土地退化问题。全球环境基金在2002年成员国大会上修改通则，将土地退化作为其新的重点资助领域。

持久性有机污染物：全球环境基金被指定为新近签署的《斯德哥尔摩持久性有机污染物公约》的临时资金机制，并已开展了一些相关工作。全球环境基金在2002年成员国大会上修改通则，将持久性有机污染物作为其新的重点资助领域。

多重领域：全球环境基金于2000年通过了新的业务规划：OP12，支持综合生态系统管理。

全球绿色资助基金

组织概况

为促进民间基金会和个人捐助者更好地帮助发展中国家的基层环保运动，1993 年全球绿色资助基金在旧金山市建立，之后总部设于科罗拉多州的博德市。其创始人和执行董事 Tchozewski 是国际小额资助的倡导者，他首次投入社会运动是在 1978 年参与创办洛矶平原"真理之力"。1980~1983 年，他在美国公谊委员会洛矶平原项目工作，参与反核和裁军运动，并在 1983 年参与创立了洛矶山和平正义中心。1989~1992 年他在旧金山担任绿色和平组织太平洋西南区的主管。2004 年他荣获美国基金会理事会的"罗伯特·斯瑞尼尔创造奖"。

全球绿色资助基金的宗旨是通过对发展中国家基层环境运动进行小额资助，以期帮助保护全球环境。通过小额拨款给维护环境可持续性的机构，加强发展中地区的草根环境运动。

主要活动

全球绿色资助基金认识到人们不能只保护半个地球，而必须为拯救整个地球而努力，只着眼于美国的环境问题将无益于全球环境问题的解决；环境问题正在不断全球化，但解决这些问题的方法正日趋地方化，大多数环境问题最终应在基层地区解决，而在发展中国家，基层团体有效组织起来，以小额资金和众多志愿者的能量，可以事半功倍地解决环境问题；发达国家在经济全球化进程中所带来的问题，以及把污染转嫁到其他国家的现象中负有不可推卸的责任，解决途径之一就是大力援助那些在各自国家里探求环境可持续发展的团体。

全球绿色资助基金在最未受关注而又面临诸多环境威胁的地区广泛支持以社区为基础的环境活动。全球绿色资助基金资助那些以社区为基础，可以最有效赞助小额资助的环境活动团体。资助额从 500 美元至 5000 美元不等。美国有很多基金会资助经过注册的组织和需要大量资金的项目，而全球绿色资助基金认为很多发展中国家的基层组织需要的经费资助并不很多，而且这些国家中的很多组织注册比较困难，所以全球绿色资助基金主要是帮助这些正在起步的环保社团，给予一些小额资金的支持，以帮助人们保护自然环境，推行可持续生活方式，保持生物多样性，并促进公众参与决策。资助的金额较小是它的一大特点。全球绿色资助基金希望通过自己的努力，可以作为大的拨款机构（常常觉得很难找到值得支持的小的草根机构）和新成立的或者小的机构之间的一座桥梁，有效地让小额的拨款发挥效果。

在世界各地，有许多受助的环境组织收到的第一笔捐助都来自全球绿色资助基金。对于这些团体来说，这些可供组织运作的基本费用，如经费、电话费、印制费及其他办公费用，可以帮助他们建立起自己的组织。同时这些资助也给了他们自信心，提高了他们的信用，使其更有效地推动当地的环境保护事业。全球绿色资助基金在许多国家和地区设有顾问委员会。它由那些在当地了解如何最有效利用有限资源的环境领袖们组成。顾问委员会负责推选可以获助的组织。

全球绿色资助基金依赖于全球 100 多位志愿顾问，他们都在当地，可能是记者、教师或者从事其他职业，但是他们都是积极行动的领导者，非常熟悉所在国家的环境运动和当地社区。这个顾问网络还帮助建立了简单的拨款程序，使管理成本最小化，顾问委员会负责推选可以获助的组织。这种参与式的、以群体为基础的工作方式有利于在环境领域内建立民主机制。同时，顾问委员会对本地环境群体及其需求的掌握同样让捐助者们受益匪浅。

在中国的项目

　　全球绿色资助基金在中国的工作开始于 1998 年，在中国，该基金通过一个当地的顾问委员会开展工作，支持了广泛的项目，涉及可持续发展、教育、栖息地保护、环境新闻、研究、联络和学生社团的活动。

罗马俱乐部

组织概况

　　罗马俱乐部是关于未来学研究的国际性民间学术团体，也是一个研讨全球问题的全球智囊组织。1968 年 4 月在意大利经济学家 A. 佩切伊和英国科学家 A. 金的倡议下，于罗马成立。罗马俱乐部把它的成员限制在 300 人以内，以保持其小规模的、松散的国际组织的特点。现有成员 100 余名，成员大多是关注人类未来的世界或各国的知名科学家、企业家、经济学家、社会学家、教育家、国际组织高级公务员和政治家等。

　　罗马俱乐部的领导机构是 7 人执行委员会，第一届执行委员会由佩切伊、金、F. 鲍特赫尔（荷兰政府科学顾问）、大来佐武郎（日本前外相、经济学家兼计划专家）、V. 乌尔圭迪（墨西哥研究生院院长）、蒂尔曼（日内瓦巴特莱研究所前所长）、彼斯特尔（联邦德国科学家）7 人组成。

　　罗马俱乐部的宗旨是通过对人口、粮食、工业化、污染、资源、贫困、教育等全球性问题的系统研究，提高公众的全球意识，敦促国际组织和各国有关部门改革社会和政治制度，并采取必要的社会和政治行动，以改善全球管理，使人类摆脱所面临的困境。由于它的观点和主张带有浓厚的消极和悲观色彩，被称为"未来学悲观派"的代表。

主要活动

　　罗马俱乐部主要从事下列三种活动：举办学术会议，每年举行一次全体会议，并经常不定期地举办专题国际学术讨论会或与其他学术团体联合举办国际学术会议；制定并实施"人类困境"研究计划，组织其成员进行系统研究并撰写研究报告；出版研究报告和有关学术著作。

罗马俱乐部把全球看成是一个整体，提出了各种全球性问题相互影响、相互作用的全球系统观点；它极力倡导从全球入手解决人类重大问题的思想方法；它应用世界动态模型从事复杂的定量研究。这些新观点、新思想和新方法，表明人类开始站在新的、全球的角度来认识人、社会和自然的相互关系。它所提出的全球性问题和它所开辟的全球性问题研究领域，标志着人类已经开始综合地运用各种科学知识，解决那些最复杂并属于最高层次的问题。在罗马俱乐部的影响下，英、美、日等 13 个发达国家先后建立了本国的"罗马俱乐部"，开展了类似的研究活动。

作为以未来研究为主题的国际性研究团体，罗马俱乐部自 1968 年成立以后，取得了举世瞩目的成绩。罗马俱乐部的报告，作为世界未来的蓝图性文件产生了震撼性效果，从而也为罗马俱乐部赢得了"超一流思想库"的美誉。罗马俱乐部于 1972 年发表第一个研究报告《增长的极限》。它预言经济增长不可能无限持续下去，因为石油等自然资源的供给是有限的，它做了世界性灾难即将来临的预测，设计了"零增长"的对策性方案，在全世界挑起了一场持续至今的大辩论。《增长的极限》是有关环境问题最畅销的出版物，引起了公众的极大关注，卖出了 3000 万本，被翻译成 30 多种语言。1973 年的石油危机加强了公众对这个问题的关注。

此后，至 1997 年为止，较著名的研究报告有：

《人类处在转折点》（1974）：由美国的梅萨罗维奇和联邦德国的佩斯特尔共同撰写。报告提出，要建立"世界系统模型"的观念和方法，生存战略并不在于"全球平衡状态"，而在于向"有限的增长"发展，世界上不同国家和地区要实现向有差别的发展过渡。

《重建国际秩序》（1976）：由荷兰诺贝尔经济学奖获得者 J. 廷伯根领导的小组撰写。报告分析了人类现状以及当今世界的尖锐矛盾，剖析了"穷国"与"富国"的悬殊差别，提出要保障人类的尊严与希望，必须实行国际性政策，建立和谐的人道主义的国际秩序。

《在浪费时代的背后》（1976）：由英国诺贝尔物理学奖获得者 A. N. 玻尔等人撰写。报告论述了经济增长和人类开展活动的限度以及能源、资源等方面的制约，究其原因在于现行社会制度的制约，而并不只是科技潜力尚未充分发掘。只有建立世界未来的文明社会，才能保障人类的"生活质量"。

《人类的目标》（1977）：由美国哲学家拉兹洛等人撰写。报告指出：为了有目的、有计划地合理利用和开发自然资源，必须行动起来，建立"世界团结共同体"，而所有行动都要为提高人类"社会质量"这个全球目标而奋斗。

《能源：倒过来计数》：由法国蒙布里奥教授撰写。报告指出：不同国家和地区要在国际合作的基础上，以积极主动的态度和措施解决能源问题，使人类免遭"能源灾害"，避免成为"能源剧毒"的牺牲品。

《学无止境》（1978）：由美国哈佛大学教育家 J. 博特金、摩洛哥科学院院士 M. 埃尔曼杰拉和罗马尼亚科学院院士 M. 马里察共同撰写。报告指出：全球性问题尽管千头万绪，但只要抓住"学习"这个非常重要的问题，其他问题就可迎刃而解。因此，必须改变传统的、面向过去或现在的"适应性学习"，推行面向未来的"创新性学习"。它具有两个特征：（1）预期性，即有预见事件发展的能力，以满足未来需要为目标；（2）参与性，即个人和社会都积极参与各个层次的、从局部到整体的重要决策过程。此外，这种"创新性学习"，必须在个人和社会两个方面同时进行，缺一不可。

《关于财富与福利的对话》：由意大利经济学家吉阿里尼撰写。报告指出："财富"和"福利"的概念应该重新划定，财富不等于福利。

《通向未来的道路》（1980）：由国际管理学院院长哈维里逊撰写。报告指出：科学地测定各国"唯科学效率"具有重要意义，为了在社会经济、政治和文化方面建立更高效的社会，必须采取相应的路线、方针和政策。

《未来的一百页》（1981）：由奥雷利奥·佩西撰写。报告进一步阐发了增长的极限理论。

《微电子学与社会》（1982）：由波兰哲学家 A. 沙夫和联邦德国学者 G.

弗里德里奇主编的论文集。报告指出：以微电子学为基础的新技术对我们的生活已经产生了深刻影响，对可预见的未来还会产生更大的影响。微电子学的应用包含了巨大的机会和危险。

《海洋的未来》（1986）：海洋将成为人类发展的未来空间，也是新的世界秩序的诞生地。

《赤足者的革命》（1988）：社会分配不公问题应该得到解决，富人来到世界时并不比穷人多拥有什么。

《超越增长的极限》（1989）：增长的极限毫无疑问是存在的，但是人类是可以超越这一极限的。

《可能性的极限》（1996）：超越增长的极限是可能的，当然这种可能性并不意味着人类有无限的选择机会，由于人类的漠然，它似乎已经走到了尽头。

《摆脱饥饿的非洲》（1989）：饥饿的非洲成为地球人永远的悲哀。

《第一次全球革命》，1993年。

《拉丁美洲面临矛盾与希望》，1993年。

《为了更好的世界秩序，来自库拉拉伯的消息》，1993年。

《关注自然》，1995年。

《愤怒与羞怯》（1995）：贫困的人们已经愤怒，羞怯的领导人何去何从？

《劳动的再发现》（1996）：劳动受到人类潜能和尊严的内在束缚，人们不仅仅为了经济意义才劳动，劳动是人自身的产物。

《环境，学会珍惜》，1996年。

《大众媒介的多样化将改变社会》，1997年。

随着罗马俱乐部研究报告、书籍在世界范围内的广为传播，它不仅对世界范围的未来学问题研究产生了重要影响，而且唤起了公众对世界危机的关注，增强了人们的未来意识和行动意识，从而促使各国政府的政策制定更多地从全球视角来考虑问题。

英国皇家鸟类保护协会

组织概况

英国皇家鸟类保护协会，简称RSPB，是英国最大的鸟类保护慈善组织，该组织成立于1889年，成立的初衷是阻止当时用大冠鹛鹛科羽毛作为帽子装饰带来的羽毛贸易。21世纪，该组织已经是英国和国际范围内各领域保护组织的积极参与者。

英国皇家鸟类保护协会最初致力于保护某一个物种，后来发展到保护生境，为了更好地进行保护，开始购买保护区，1930年英国皇家鸟类保护协会拥有第一个保护区 Romney Marsh，

英国皇家鸟类保护协会标志

1932年购买的 Dungeness 保护区是历史最长的保护区。目前英国皇家鸟类保护协会拥有200个保护区，英国皇家鸟类保护协会的会员可以免费进入这些保护区（保护区是收费的），在英国出现的40种红皮书鸟种中，34种在英国皇家鸟类保护协会的保护区内繁殖。

英国皇家鸟类保护协会的保护区内会有许多他们印刷的小册子和单张宣传单，可以免费索取。还有一个表格，如果游客感兴趣的话就让游客留下自己的联系方式，英国皇家鸟类保护协会就会按照地址给他寄上所需的资料，

同时也会附上入会申请表格。刚开始时，只有1%的人会留下自己的地址。通过这个活动会增加会员，增加英国皇家鸟类保护协会的收入。

英国皇家保护鸟类协会的少年儿童野生动物探险家协会有成员14万人，其青少年凤凰俱乐部有成员4万人。该鸟类协会还办有专门针对青年读者的三种杂志，以及针对成年读者的季刊《鸟类》。

英国皇家保护鸟类协会的宗旨就是鼓动和参与有关环境问题的活动，保护、恢复和管理已经遭到危害的环境和研究鸟类的生存。

主要活动

每年的大花园鸟类调查（观赏）活动就是英国皇家鸟类保护协会组织的一项活动实例，它自1979年延续至今。2005年1月29日至30日，在英国全国21万个花园里，有49万人共记录了600万只鸟的活动情景，提供了当地生存鸟类的唯一描述资料。这种资料被用来给政府和企业施加压力，以达到正确地保护环境和合理管理环境的目的。

英国皇家鸟类保护协会的工作重点就是加强对公众的宣传教育，让大众更多地参与观鸟活动。

案例之一：关注鱼鹰

有一种数量很少的鱼鹰在海边的树上筑巢繁殖，英国皇家鸟类保护协会告诉公众鱼鹰繁殖地，让公众用望远镜来观察，通过这样的活动让公众关注鱼鹰，关注鸟类，保护鸟类，同时不断地加固有巢的枯树，让鱼鹰在此繁殖。

案例之二：教堂的游隼

英国皇家鸟类保护协会并不是把人们带到野外进行观鸟，在城市内也有自己的明星鸟，例如一个教堂的顶部有一家三口的游隼，就在教堂的广场，该协会架着望远镜让人们观看，许多人惊叹，原来在我们的身边就有这样可爱的小鸟！英国皇家鸟类保护协会认为不管在城市还是在野外举办各种活动，都会有不同的人群感兴趣。

案例之三：照顾花园鸟类

2006 年，超过 50 万人参加了此项活动，项目的方法就是让公众对自己家花园的鸟儿进行记录，然后把数据传送给英国皇家鸟类保护协会，最后英国皇家鸟类保护协会统计出英国最常见的花园鸟类，前三位是家麻雀、紫翅椋鸟、乌鸫。英国皇家鸟类保护协会还建议政府对其他鸟类的生境进行改善，公路两边种植本地的植物。

案例之四：春天有不同的生物

波兰代表欧洲所有的国家举办这个项目，目的是为了让更多的市民参加认识鸟的活动。项目从欧洲的南部向北部开始，因为鸟类是从南向北迁徙的，选择大部分人都认识的鸟种来记录数据，最终选择的是白鹳、雨燕、杜鹃和家燕四种鸟，市民每天看到这四种鸟就可以通过电话或者互联网向英国皇家鸟类保护协会的项目部提交数据，英国皇家鸟类保护协会根据收到的数据整理出一个图表，清楚表明每一种鸟在某一个国家逗留的时间。此次共记录到的鸟超过 10000 只。

Ken Smith 建议中国的南北鸟会可以联合做一个大型的类似鸟类调查，重要的一点就是建一个有趣的网站，吸引小朋友参加。

北京观鸟会介绍了他们所做的鸳鸯和京燕的项目，就是记录看到的时间、地点、数量和生境。

案例之五：保护信天翁

信天翁亚科有 21 个品种，其中 2 种极危：阿岛信天翁和渠查岛信天翁，7 种濒危，10 种易危，2 种近危。在大西洋上有一种信天翁因为误食渔民用来捕获金枪鱼的诱饵而丧命。英国皇家鸟类保护协会的工作人员会跟着渔民的船在海上跟踪三四个月，统计因此丧命的信天翁的数量，收集第一手资料，最后建议渔民将鱼钩改变结构而尽量减少对信天翁的伤害。

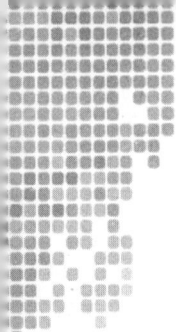

英国防止虐待动物协会

组织概况

1824 年，英国盛行斗狗、斗牛和斗鸡等活动。当时的一些倡导爱护动物理念的人视这些活动为虐待动物的活动，其中伦敦的牧师亚瑟·布容与倡导废除奴隶制的国会议员威廉·威尔伯福斯，把防止虐待动物的理念付诸实践，成立了英国防止虐待动物协会，简称 SPCA。

协会成立之初，通过编印宣传资料、给学校编写和制备教材以及报刊呼吁大众关心动物福利，试图使沉溺于斗狗、斗牛、斗鸡等虐待动物活动中的社会大众清醒，进而唤起社会大众关心动物、爱护动物的热情。除了宣传的声势之外，协会还雇用检查员在市场、街坊检查动物的生活状况和虐待动物的行为，对违法者进行起诉，把防止虐待动物的理念贯彻到了民众的日常生活中。1840 年，英国女王授予防止虐待动物协会"皇家 Royal"称号，自此协会改称为皇家防止虐待动物协会，简称 RSPCA。

英国防止虐待动物协会的主要任务就在于进行反对虐待动物和善待动物的宣传教育，由动物保护检查员执行动物保护法律，收容和救助被遗弃和病伤的动物，为它们重新安排养主，同时向社会大众进行动物养主责任和动物福利问题的教育。

英国防止虐待动物协会雇用 300 多名身穿制服的检察员和 146 名动物收集官员在英国各地工作，调查任何虐待动物的申诉。协会的国际事务部也设在英国，是该机构的国际部门。它与 NGO、志愿组织、学术机构、当地或国家政府等当地伙伴合作，提供动物福利立法和保护的建议和培训，对自然灾害发生后需要紧急救助的呼吁做出回应。东亚、南欧、东欧是英国防止虐待动物协会在海外的重点地区。

主要活动

作为世界上最古老的、有着180多年的动物福利慈善机构，同时也是英国第六大慈善机构，英国防止虐待动物协会是英国政府和议会有关动物福利问题和制定有关动物法律的顾问机构。协会倡导慈善之心，以人道主义方式对待所有动物。它借由推动执法、安排弃养动物的认养工作拯救野生动物，借由推动公共宣传活动与教育，以及游说政府，对残忍虐待动物的案例提起公诉，防止残酷虐待动物的行为。

英国防止虐待动物协会的工作还包括：宠物的饲养、照顾、医疗和绝育；经济动物（食用和毛皮动物）的保护，这包括改善经济动物饲养、运输和屠宰的环境条件，制止捕猎海豹和鲸，制止使用毛皮动物产品；关注实验动物的福利，如日用化工产品和药品试验、科研实验动物的方法与条件。除此之外，协会还救助野生动物、保护与恢复野生动物的生存环境，以及评价与改善娱乐动物的狩猎、动物园和马戏团的环境条件。

在中国的项目

1999年，英国防止虐待动物协会国际事务部与中国的几家动物福利团体建立联系，正式开始在中国进行活动。自1999年以来，协会与我国有关部门合作进行支持保护野生动物、友伴动物收容所和爱护动物教育等项目，在中国举办了首次动物福利研讨会。在安徽，它资助中国科技大学法学院出版了一本关于动物福利的大学教材，资助环境与动物保护教育组（合肥）出版教育资料，成立一个资源中心。在北京，它帮助北京人与动物环境中心建起了一个宠物收养和教育中心，帮助该中心获得了一辆动物救助车，为北京师范大学的猛禽救助中心捐献了数辆动物救助车。

德国环境与自然保护联盟

组织概况

　　德国环境与自然保护联盟，简称 BUND，是德国一个环境保护与生态保育非营利组织，有近 40 万名会员与支持者，是德国最大的环保团体之一。如同德国联邦体制，联盟也分为 16 个邦分会组织，以及超过 2000 个区域的地方团体，其分别在自身关心的环境议题上努力。

　　此联盟于 1975 年 7 月 20 日由多名环保人士成立，原先的名称为德国自然与环境保护联盟，直至 1977 年更改为现今的名称。由于其属于国际地球之友的德国伙伴组织，因此在其标志下亦有地球之友作为附属名称。

　　德国环境与自然保护联盟目前从事的议题有法律、水资源、废弃物、森林、能源、旅游、交通、景观与基因改造等。

美国大自然保护协会

组织概况

美国大自然保护协会，简称 TNC，是全球最主要的自然保护国际组织之一，成立于 1951 年，总部设在美国弗吉尼亚州的阿灵顿市。美国大自然保护协会致力于在全球保护具有重要生态价值的陆地和水域，以维护自然环境、提升人类福祉。

美国大自然保护协会的宗旨是保护重要的陆地和水域，使具有全球生物多样性代表意义的动物、植物和自然群落得以永续生存、繁衍；使命是通过保护代表地球生物多样性的动物、植物和自然群落赖以生存的陆地和水域，来实现对这些动物、植物和自然群落的保护；目标是与合作伙伴携手，到 2015 年，确保地球上每种主要生境类型的至少 10% 的区域得到有效保护。

作为一个公益慈善机构，协会获得公益慈善监督团体的高度评价：协会达到了美国商务促进委员会智捐联盟的所有公益慈善问责标准；美国慈善研究会将美国大自然保护协会评为 "A 级慈善公益团体"；协会的非凡业绩得到 "慈善机构领航员" 评估机构的赞赏，被评定为 "行业优秀/合格级"；《福布斯》杂志在对美国最大慈善团体的年度调查报告中将协会的筹资效率评定为 89%。

主要活动

在过去半个世纪的发展里程中，美国大自然保护协会奉行非对抗的工作原则，并逐步发展了一套全面、注重策略和实用性并以科学为基础的保护工作方法：自然保护系统工程。借此方法，甄选出了那些最具优先保护价值和最具有代表性的陆地景观、海洋景观、生态系统以及生物物种。

美国大自然保护协会在拉美、加勒比海、亚太地区以及非洲的30余个国家，与合作伙伴携手保护着近5000万公顷的生物多样性热点地区。协会在亚太地区的保护工作涉及中国、澳大利亚、密克罗尼西亚联邦、印度尼西亚、巴布亚新几内亚、帕劳群岛和所罗门群岛等。由于坚持采取合作而非对抗性的策略，以及用科学的原理和方法来指导保护行动，经过50余年的不懈努力，协会已跻身美国十大慈善机构行列，位居全球生态环境保护非营利性民间组织前茅。

在中国的项目

滇西北保护项目

1998年，美国大自然保护协会应邀进入中国开展保护工作。经前期全面考察，并在科学论证的基础上，最终将云南滇西北选定为协会在中国的生物多样性保护的首要实施地。与云南省政府合作编制了《滇西北保护与发展行动计划》，寻求因地制宜的保护策略，把自然生态保护与经济发展有机结合起来，保护生物及文化多样性，并促进当地的可持续发展。《滇西北保护与发展行动计划》成为云南省"十五"计划的专项规划之一。之后，美国大自然保护协会在滇西北的老君山、拉市海、梅里雪山、香格里拉和高黎贡山北段开展并实施了一些具体的实地保护项目。目前美国大自然保护协会滇西北开展的项目有国家公园项目、替代能源项目、湿地保护项目、滇金丝猴保护项目、绿色建筑项目、环境教育项目。

1. 国家公园项目

国家公园是世界自然保护联盟所列出的全球六种自然保护地类型中的第二类，以自然环境保护、生物多样性和遗传基因保护、环境教育和国民爱国主义教育,以及资源展示和休憩为主要功能。在美国大自然保护协会的资助下,云南省政府研究室、美国大自然保护协会与其他合作伙伴一道完成了在滇西北建立国家公园的可行性研究报告。2006年开始,云南省政府研究室、西南林学院与迪庆藏族自治州政府合作,并得到美国大自然保护协会的支持,开展了对碧塔海、属都湖高原湖泊湿地为案例的新尝试,形成地方政府、保护管理机构、旅游经营企业和当地农牧民多方利益共享机制,积极推进了香格里拉普达措国家公园的建设。同年,我国第一个国家公园在云南省香格里拉市正式迎接海内外游客,由此拉开了中国国家公园建设的序幕。2008年以来,中国各地开建或筹建国家公园的消息不断,这一国际通行的自然保护模式在中国登陆不久,立即呈现出旺盛的生命力。

2. 替代能源项目

替代能源项目通过开发利用太阳能、沼气、微水电等可再生能源资源和推广节能技术改造来减少薪柴资源消耗、保护森林生态环境、改善村民生活条件、促进农村和谐发展。该项目在滇西北开展的工作有:

滇西北农村可再生能源与能源利用效率改进项目。自2000年以来,美国大自然保护协会与当地政府部门和相关机构合作,在滇西北的四个项目区内开展实施可再生能源与能源利用效率改进(替代能源)项目。协会推广的替代能源技术包括节能炉灶、太阳能热水器、沼气、微型水力发电机等。截至2006年年底,替代能源项目已经在滇西北地区帮助建造或安装了1万多个替代能源设施。2005年初,滇西北替代能源项目赢得了《经济观察报》和壳牌公司共同举办的"中国可持续发展"十佳案例之一。

绿色乡村信贷项目。绿色乡村信贷项目是中国农村能源企业发展项目的一个子项目。中国农村能源企业发展项目由联合国基金会等机构提供资助,联合国环境规划署承担。该项目致力于在云南省及周边地区推广替代能源,包括支持农村能源企业发展和支持农村能源消费信贷与创收活动(绿色乡村信贷)两个部分。美国大自然保护协会中国部负责绿色乡村信贷子项目在云南西北部的组织实施。绿色乡村信贷项目向村民提供消费贷款和创收贷款,其中消费贷款用于安装或建造替代能源(可再生能源和高能效)设施,创收

活动的收益用于偿还贷款本金和利息。

清洁室内空气伙伴关系项目。2004年，替代能源项目得到了美国环境保护署的支持，将替代能源项目的实施与减轻室内空气污染结合，通过推广可靠、清洁、高效、价格低廉的能源技术，减少室内烹饪和取暖造成的危害，从而达到生物多样性保护与改善项目受益社区健康状况的双重目的。该项目调动相关合作伙伴的资源和技术，集中解决克服社会及文化障碍、市场发展、技术标准化和健康影响监测这四个问题。2007年，美国大自然保护协会中国部与中国农村能源行业协会在丽江联合主办了"室内空气质量和替代能源及改良炉具技术国际研讨会"。

3. 湿地保护项目

针对当前湿地保护与利用之间的问题，结合国家湿地保护行动计划，该项目以加强湿地保护及合理利用为重要内容，旨在为长江流域的生态安全维护、高原湿地的保护与利用、国家天然湿地公园的建设以及河口海岸湿地的管理和保护起到示范作用。该项目的目标是在位于长江上游的滇西北典型湿地和长江入海口的崇明河口海岸湿地实施湿地资源保护与合理开发利用、研究和综合保护。

2009年，由美国大自然保护协会湿地项目和国家林业局湿地保护管理中心、上海市林业局联合主办的"中国东部湿地鸟类迁徙网络研讨会"在上海崇明东滩国际会议中心召开。这次会议促进了国内各迁徙鸟类保护区之间、国内和国际专家之间的交流和沟通，为推进我国东部地区候鸟及其栖息地的联合保护、促进12省1市携手关心中国东部湿地、关注东亚—澳大利亚候鸟迁徙路线上的湿地健康奠定了良好基础。会议讨论通过了《中国东部湿地鸟类迁徙保护网络倡议书》。倡议书号召全社会共同关心、保护中国东部湿地的生态环境，为东亚候鸟迁徙路线上迁徙的候鸟提供良好的栖息、停歇、繁殖场所，实施有效管理，为候鸟及其生境保护贡献力量。与会各方在此间搭建了东亚—澳大利亚鸟类迁徙保护网络。

湿地保护项目在滇西北开展的工作有：

国家湿地公园建设。湿地公园是具有物种及栖息地保护功能和生态旅游及环境教育功能的湿地景观区域，是湿地保护体系的主要组成部分。针对当前湿地保护与开发利用之间的矛盾，在滇西北开展湿地公园建设项目，能有效保护生物多样性，引导该区地理、生物、人类社会复合系统走向互利共存，促进区域经济社会的可持续发展。

崇明东滩鸟类国家级自然保护区区域范围和功能区划调整研究。上海崇明东滩自然保护区位于亚太候鸟迁飞的重要通道，是鱼类洄游产卵的重要场所，生物多样性极为丰富，也是全球重要的生态敏感区和国际重要湿地。开展崇明东滩鸟类国家级自然保护区区域范围和功能区划调整的研究，不仅为淤涨型河口湿地类型保护区资源利用和保护提供借鉴和示范，还着眼解决存在着的原功能区划没有遵循滩涂淤涨的自然过程、没有体现动态保护的理念；原功能区划没有按湿地生态结构功能特点划分，不能体现关键物种栖息地严格保护的要求，导致资源保护和利用矛盾突出。2007 年，由商务部研究院、通用汽车公司主办，上海崇明东滩鸟类国家级自然保护区、美国大自然保护协会等单位协办的"跨国公司与中国环境保护"高层论坛在上海举行。

拉市海湿地管理数字化平台建设。拉市海湿地以中华秋沙鸭和黑鹳等国家Ⅰ、Ⅱ级重点保护野生动物和高原湿地生态系统为保护对象，孕育着丰富的生物多样性，是云南第一个以湿地命名的省级湿地自然保护区，也是国际重要湿地。目前无序旅游开发和不断增加的游客数量极大地威胁到拉市海湿地的保护，保护区湿地生态环境受到干扰和破坏，特有物种海菜花群落等水生植物分布面积明显下降，这也威胁到了鸟类尤其是涉禽类的栖息环境。拉市海湿地管理数字化平台建设，旨在通过建立湿地环境和资源之间的数字化信息系统，实现各级保护部门对拉市海湿地多层次、全方位的动态监控和直观管理，提高湿地保护区管理水平，同时为全国保护区保护工作提供管理示范。

纳帕海湿地保护管理与生态恢复项目。纳帕海湿地位于我国生物多样性三大中心的新特有中心，是许多不同地理成分物种的交汇过渡地带，蕴含着丰富的动植物资源，是省级保护区，也是国际重要湿地。近年纳帕海湿地排水垦殖、无序旅游和过度放牧等人为活动干扰不断加剧，导致湿地陆地化进

程加快、湿地生境破碎、湿地环境逐步退化，造成湿地植物数量明显减少、许多珍稀物种种群数量减少或消失。项目计划结合全国湿地保护工程，开展纳帕海湿地保护管理与生态恢复项目。

4. 滇金丝猴保护项目

滇金丝猴这一中国特有珍稀濒危动物面临诸多生存压力：栖息地丧失或片段化所造成的呈岛屿状分布的小种群，猎獭的偷猎活动使得种群数量持续下降。滇金丝猴保护项目正是要保护分布在滇藏交界地区云岭山脉的滇金丝猴及其所栖息的高寒原始针叶森林。滇金丝猴保护项目开展的工作有：

合作伙伴关系建设。美国大自然保护协会和国家林业局牵头成立了滇金丝猴保护项目指导委员会，于2005年4月和2006年11月分别召开了会议，于2006年11月成立了滇金丝猴保护协会。

信息管理体系建设。初步建成了一个以地理信息为平台的信息综合管理决策体系。

基层管理机构能力建设和保护行动。对现有三个滇金丝猴自然保护区完成了管理能力建设的需求评估。组织各基层管理机构（包括云南白马雪山国家级自然保护区管理局、西藏红拉山国家级自然保护区管理局、云南云岭省级自然保护区管理局、云南云龙天池省级自然保护区管理局、云南玉龙县林业局）完成了滇金丝猴第二次全境地理分布和种群数量调查工作，并在此基础上，由各基层管理机构提出了对各滇金丝猴群的巡护管理工作框架。组织各管理基层机构进行了第一次滇金丝猴野外调查巡护管理培训。在白马雪山保护区的三个当地自然村（共80户）实施了木制房头板替代项目。在老君山地区实施了旨在保护滇金丝猴森林栖息地的农村替代能源项目。

滇金丝猴科研工作。组建了一支强有力的科研队伍（包括中国科学院动物研究所和中国科学院昆明动物研究所的多名教授和博士）对滇金丝猴保护需求这一核心问题进行研究。完成了对老君山一个滇金丝猴群（约180只）的生态学及当地人为干扰对其影响的研究。启动了白马雪山保护区滇金丝猴行为生态学工作。完成了滇金丝猴全境生境研究项目。启动了滇金丝猴南北两个极端地区的行为生态学研究项目。

5. 绿色建筑项目

绿色建筑是指在建筑的设计和施工中因地制宜地应用绿色环保理念，包括可再生能源与节能技术和材料，并充分尊重和继承当地传统建筑特色，建造节能、舒适且富有地方特色的新建筑。该项目致力于在美国大自然保护协会项目区进行绿色建筑的示范，并力求在更大范围内推广绿色建筑的理念和技术，同时，让建筑与自然共生，使其融入历史与地域的人文环境。坐落于迪庆藏族自治州香格里拉高山植物园内的藏式节能示范建筑和格咱乡的藏汉双语学校是美国大自然保护协会为保护迪庆藏族自治州的自然生态系统和环境，提高当地人民生活水平而设计、资助的绿色节能建筑示范项目。

6. 环境教育项目

环境教育项目致力于提升公众的生态环保意识，激发社区群众对当地自然资源、文化资源的自豪感，增强社区群众对当地生态环境保护的参与，配合、支持协会其他项目的开展。环境教育项目开展的工作有：

滇西北绿色旅游推广中心。滇西北绿色旅游推广中心项目是在美国通用汽车公司和嘉吉公司的资助下，由丽江古城保护管理局和美国大自然保护协会合作实施的一个公益项目。项目旨在通过展示滇西北丰富的生物多样性和民族文化多样性，唤起公众对滇西北生态环境和民族文化的关爱和保护意识，探索将环境教育、科普教育、爱国教育和民族文化教育融入旅游体验的有效途径，引导公众选择绿色旅游方式并参与环境保护活动。"推广中心"于2005年5月1日正式向公众开放。

自豪环境教育。该项目和美国民间环保组织瑞尔中心（简称 RARE）合作，与政府部门、学校和当地社区一起，在老君山开展以滇金丝猴为标志性物种、以自豪促环保为理念的自豪环境教育项目。项目示范阶段的实施时间为2003年9月至2006年6月，示范点选为老君山地区的石头乡和黎明乡以及与滇金丝猴栖息活动比较近的村寨，示范项目结束后，项目范围扩展到其他滇金丝猴主要栖息地。

学校可持续发展教育。可持续教育项目利用学校教育，将自然保护的目标、社会公正、适度发展和社区参与融入师生的个人使命之中。其总体目标是巩固社区与协会在滇西北项目区共同取得的生态保护成果。除帮助当地农村教师提高自身教学水平外，项目还力图缓解保护对象面临的各种威胁因子。从 2002 年 12 月起，云南省林业厅，丽江市和玉龙县教育局、林业局、环保局，拉市海湿地自然保护区管理局，当地学校等合作伙伴与协会一起，根据不同学校的具体情况和位置，制定了教学大纲。内容之一就是通过制定师生"地球小助手"教学日志来教育孩子们关爱所有的生命，探索不破坏大自然的能源可持续利用方式，并宣传自己取得的成就。

全国性保护项目

2002 年，美国大自然保护协会在北京成立办公室，相继与国家发改委、国家林业局、国家环保总局、水利部、国务院扶贫办等中央部委签署了合作框架协议，启动了一系列全国性的保护项目，包括协助制定全国生物多样性保护远景规划，加强自然保护区建设与管理，推动绿色木材采购和森林认证制度，推广森林碳汇试点项目和国际标准，探讨长江流域保护的有效途径与方法等。目标是将协会在全球其他地方获得的成功经验应用到中国更多的地区，促进建设资源节约型和环境友好型社会，推动社会经济的可持续发展。

1. 中国生物多样性保护远景规划项目

美国大自然保护协会与合作伙伴（包括中国国家环保总局、国家林业局、中科院、国际野生生物保护学会和保护国际基金会）一起，对中国的生物多样性及其保护状况进行全面而综合的评估，确定需要优先保护的区域、生态系统和物种，并提出关键的保护行动和策略，以充实并更新现有的《中国生物多样性保护行动计划》，为中国生物多样性的保护和自然资源的管理提供科学依据，促进中国的可持续发展。

国家环保总局和美国大自然保护协会于 2006 年 11 月 17 日在北京举办了"长江上游远景规划试点项目"启动会，会议取得了圆满成功，签订了《项目合作文件》。2007 年，国际生物多样性日纪念大会、中欧生物多样性示范项目签字仪式暨保护生物多样性公益活动方案征集启动仪式在京举行。联合国开发计划署与包括美国大自然保护协会在内的首批 5 家机构和单位签署了旨在中国保护生物多样性的赠款协议。美国大自然保护协会获赠的项目旨在中国开发并试验新的保护区管理模式，使得生物多样性的保护能够与当地社会经济发展相结合，力求达到保护与发展的平衡。

2. 保护区早期调研项目

中国于1993年签署批准联合国《生物多样性公约》，是第一批批准该公约的国家。2004年2月，在《生物多样性公约》第七次缔约国大会上，中国政府接受了保护区工作方案。该工作方案的总体目标是要建立全面的、有生态代表性的和有效管理的国家和区域保护区系统。这项工作的陆地生态系统的建立须在2010年前完成，海洋生态系统须在2012年完成。第七次缔约国大会所提出的工作方案为中国生物多样性伙伴关系框架（简称CBPF）提供可持续的生物多样性保护行动指南。该项目正是要评估中国保护区体系，协助制定中国保护区发展的战略规划，帮助中国政府履行生物多样性公约第七次缔约国大会所提出的保护区工作方案。为中国生物多样性伙伴关系框架创建有效的可持续生物多样性保护伙伴关系，并为申请全球环境基金的项目建议书编写提供支持。

保护区优先调研项目于2006年全面实施，其主要内容包括：为中国保护区制定一套有时限可循且可衡量的目标和指标体系，以支持中国生物多样性伙伴关系框架项目下的监测项目；开展中国保护区空缺分析试点；完成中国保护区管理能力需求的评价与能力建设项目设计；分析国家级保护区的资金来源、需求及满足资金需求的多种途径。

3. 森林多重效益项目

基于保护生物多样性、改善人类生存环境的宗旨，美国大自然保护协会、保护国际（CI）和国家林业局在全球生物多样性关键地区之一的中国西南山地共同实施森林多重效益项目，简称"FCCB项目"（即森林、气候、社区、生物多样性项目）。该项目通过引入随《京都议定书》应运而生的国际碳汇市场以及仍在探索阶段的生态效益有偿服务机制，在国家层面上推动科学造林以促进片断化生境的恢复工作，并试验生态效益补偿机制；旨在促进政府造林工程的生态服务功能最大化，并可为植树造林和生物多样性恢复带来持续的资金支持；目标是在中国西南山地项目点恢复森林植被，缓解气候变化，改善社区村民生产生活环境，保护和建立生物多样性廊道带，实现森林的综合效益，为实施森林恢复和获得碳汇受益提供示范。

2005 年，美国大自然保护协会、保护国际、中国绿化基金会和国家林业局开始共同探讨碳汇基金的设立，引导碳汇项目最大程度地惠及社区和生态环境，探索生物能源在中国的开发运用前景。项目另一政策层面的重要产出是协助国家林业局等有关单位制订了中国的"碳汇"优先发展规划，将生物多样性保护的目标和造林、减缓气候变化的活动结合，扩大了"多重效益"概念的影响。项目组与国家林业局共同选择了四川王朗和云南高黎贡山两个国家级自然保护区作为森林多重效益项目实验点，与云南省林业厅确定了云南省的 3 个森林多重效益项目实施县。在探索生态系统有偿服务机制方面，协会项目组选择了丽江县吉子水库进行生态系统有偿服务试点。2007 年，中国 FCCB 腾冲项目获得首批 CCBA 金牌认证。保护国际和美国大自然保护协会合作的腾冲项目是第一个获得 CCBA 标准认证的项目。项目位于著名的云南高黎贡山西坡、高黎贡山自然保护区南段。云南也是全球生物多样性保护关键区域之一。

4. 森林可持续经营项目

为减少区域内非法木材采伐和贸易对原始森林资源和生物多样性保护的严重威胁，2004 年 8 月起美国大自然保护协会中国部与中国相关政府部门，尤其是国家林业局、企业和相关行业协会合作，积极寻求解决区域内非法木材采伐和贸易的可操作方案。通过推动国内公共部门与林业加工企业采纳绿色木材采购政策，促进国内可持续林产品原料供给，尽可能地减缓非法木材采伐与贸易对区域内天然林资源和生物多样性保护的压力。该项目开展的工作主要有：

促进中国相关政府部门与区域相关利益者就打击非法木材采伐及贸易问题的对话。2005 年 3 月，美国大自然保护协会与森林对话组织等非政府组织在香港举办了以非法木材采伐和贸易问题实际解决方案为主要议题的国际研讨会。香港会议成为中国国家林业局进一步推动解决区域非法木材采伐和贸易的重要推动力。美国大自然保护协会目前是中国国家林业局有关非法木材采伐和贸易问题咨询组的重要成员之一。

与美国大自然保护协会亚太森林项目合作推动中国参与解决非法木材采伐和贸易问题的区域进程。项目开展以来，协会推动并支持中国林业官员参与讨论非法木材采伐及贸易解决方案的区域性国际会议，包括 2005 年在菲律宾宿务召开的区域海关加强合作打击非法木材采伐国际研讨会，2006 年在土耳其安塔里亚召开的东北亚森林执法与施政（简称 ENA－FLEG）部长级会议后续行动研讨会，并于 2006 年 9 月与国家林业局及其他国际组织合作在北京召开了第 3 次森林对话机制会议。

美国大自然保护协会与国家林业局共同组织国家林业局官员考察印度尼西亚及澳大利亚，探讨双边及区域解决方案。2006 年 11 月，美国大自然保护协会中国部、印度尼西亚项目部及亚太森林项目与国家林业局共同组织国家林业局 5 名高层官员就森林可持续经营及打击非法木材采伐贸易国际经验主题对印度尼西亚及澳大利亚进行了实地考察。

协助国家林业局出台相关行业技术规范。为了规范林业企业相关的行为，国家林业局拟制定《中国林业企业海外采伐、森林培育、林产品采购技术指南》，2006 年年底美国大自然保护协会中国部开始与国家林业局合作为该技术指南的出台提供相关的技术支持。

2007 年，由美国大自然保护协会中国部与国家林业局科技发展中心共同在北京举办了"森林认证试点工作会议"。会议总结分享了 2006 年国家林业局开展的 6 个森林认证国家标准试点单位的经验和问题。2008 年，美国大自然保护协会和雨林联盟、世界自然基金会北京办事处、国家林业局对外项目合作中心、中国林业科学研究院共同在北京主办了"森林与林产品认证及市场发展国际研讨会"。

5. 长江保护项目

长江流域是生物多样性保护的重要地区，对全球生物多样性具有非常重要的意义。但是，不可持续的开发活动、城市和工业污染、不协调的区域发展，特别是森林采伐以及大坝和其他水工建筑物所产生的取水、阻断洄游通

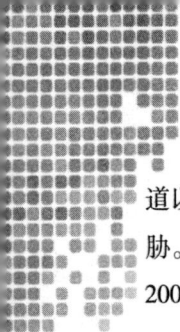

道以及改变自然流量节律等影响，对长江流域淡水生态系统构成了严重的威胁。为了减轻或缓解这种长期的生态影响和破坏，美国大自然保护协会于2006 年 7 月成立了长江保护项目。

长江保护项目致力于保护长江流域生物多样性最丰富和最重要的区域，保护、重建长江的生态健康，从生态保护的角度优化流域内水坝的设计和运行方案，减少流域内人类活动对水生生物栖息地和生态系统的负面影响，以及推动长江综合水资源管理。

2006 年 9 月，项目与长江论坛秘书处、全球水伙伴（中国）在重庆共同举办了"河流生态流量"国际研讨会。2006 年 11 月，项目与国家发改委能源局、中国水电顾问集团公司、中国水力发电学会联合举行"水电开发与生态环境保护"国际研讨会，邀请国外专家介绍美国水电开发的经验和教训以及协会在美国、巴西为缓解水电开发对生态环境威胁所开展的工作和取得的成果，并与国内水电规划设计、生态环境保护等方面的专家共同探讨通过整合电网调度，优化长江上游水电建设投资并保证重要水生生物栖息河段生态流量的可能性。2008 年，农业部长江渔业资源委员会与美国大自然保护协会在京签订合作框架协议，双方开始在长江水生生物多样性保护方面开展全方位合作。

美国环保协会

组织概况

美国环保协会，是美国著名的非政府非盈利性环保组织，1967 年由四位美国科学家创立，他们尝试在环境倡导中采用法律手段，并希望以一种超党派的方式建设性地与商业公司、政府、社区合作，找到改善环境却不伤害经济的方式。

美国环保协会致力于为人类社会创造可持续发展的现在和未来，涉及的领域包括水、大气、人类健康、食品，以及生物多样性等诸多方面。美国环保协会坚信，一个可以持续发展的自然环境，必须以平等公正的经济社会环境为前提，所追求的环境权益属于全球所有人类，不分贫富，也无论肤色、种族。

相对于其他环保组织而言，美国环保协会拥有更多的科学家和经济学家，并且越来越多地与公司、政府、社区合作，寻找改善环境的同时也能发展经济的共赢之策。

美国环保协会始终保持着非政治、有效和公正的立场，以科学研究为基础，深入探讨环境领域中的重大课题，倡导得到广泛持久的政治、经济和社会支持的解决方案。

2004 年 9 月，美国环保协会首席经济学家杜丹德博士被中国政府授予中国对外国专家颁发的最高奖"友谊奖"。同年 9 月 30 日，杜丹德博士受到温家宝总理的亲切接见。2007 年 11 月，杜丹德博士被聘为中国环境与发展国际合作委员会委员。

主要活动

美国环保协会曾经以有效的工作推动了废除 DDT 法令的颁布，从而开美国近代环保运动的先河；积极倡导市场手段在解决环境问题中的应用，例如臭氧层破坏、酸雨和城市光化学烟雾污染等；提出的排污权交易概念成为《京都议定书》的核心思想；世界最大企业中的 22 个与之合作，自愿削减它们的温室气体排放；成功地说服了麦当劳停止使用泡沫塑料汉堡包盒子；减少动物食品中抗生素的使用；帮助联邦快递公司引入燃料利用率提高了 50% 以上的新型递送卡车；等等。

在中国的项目

排污权交易

排污权交易是指在一定的区域内，在污染物排放总量不超过允许排放量的前提下，内部各污染源之间通过货币交换的方式相互调剂排污量，从而达到减少排污量、保护环境的目的。

1997 年以来，美国环保协会在中国开展了以二氧化硫排污权交易为代表的一系列项目，提倡在环境管理中引入市场化的经济手段，探索既有利于环保又能促进经济发展的新方法。美国环保协会与国内政府和研究部门合作，开展了排污权交易在中国政策和立法方面的研究。

1999 年 4 月，中国总理朱镕基访问美国期间，中国国家环保总局局长解振华和美国环保署署长卡罗·布朗共同签署了《在中国利用市场机制减少二氧化硫排放的可行性研究》的合作意向书。1999 年 9 月，美国环保协会与国家环保总局签署协议，在中美合作框架下开展总量控制与排污权交易的研究与试点工作，本溪和南通被确定为首批试点城市。2001 年 9 月，江苏省南通市成功实现了我国首例二氧化硫排污权交易。

2002 年 3 月，国家环保总局发环办函〔2002〕51 号文，决定与美国环保协会一起，在山东省、山西省、江苏省、河南省、上海市、天津市、柳州市以及中国华能集团公司开展"推动中国二氧化硫排放总量控制及排污交易政策实施的研究项目"（简称"4＋3＋1"项目）。

1999 年 11 月和 2004 年 5 月，美国环保协会先后出版了《总量控制与排污权交易》、《中国酸雨控制战略——二氧化硫排放总量控制及排放权交易政策实施示范》书籍和光盘；与国家环保总局宣传教育中心共同制作了《排污权交易在中国》电视片，并于 2004 年 10 月在中央电视台成功播出。

2008 年 11 月，由环境保护部环境规划院主办，美国环保协会主要协办的"排污交易国际研讨会：政策创新与商机"在南京大学召开。各省、市政府官员，国内外专家学者，各地排放权交易所等 150 余家单位的 250 余位代表围绕"污染物总量控制与市场经济政策"、"大气排污交易"、"水环境管理与排污交易"、"碳市场与环境金融产品"四个主题，以主题报告和互动讨论的形式，进行了积极的交流。

绿色供应链

绿色供应链是一种在整个供应链中综合考虑环境影响和资源效率的现代管理模式，它以绿色制造理论和供应链管理技术为基础，涉及供应商、生产厂、销售商和用户，其目的是使得产品从物料获取、加工、包装、仓储、运输、使用到报废处理的整个过程中，对环境的影响最小，资源效率最高。美国环保协会绿色供应链项目旨在借助像沃尔玛这样的全球大型零售商的购买力，来影响并推动其中国供应链企业的环境改善。目前，沃尔玛在中国的供应商企业多达 3 万多家，大约有 300 亿美元的销售额源自"中国造"商品。绿色供应链项目将撬动全球零售商巨头的市场影响力，为中国出口企业提供一个"变绿"的运动场，帮助中国企业改善能源和资源利用效率，降低污染排放水平，缩减生产和管理成本。

2008 年 3 月，美国环保协会与中国中小企业协会在北京签署了合作协议。双方开始就"新环资、新机遇"高级系列研修班、"绿色供应链"试点工作、

中小企业节能减排研究项目、"中国国际循环经济成果交易博览会"四个项目展开合作。2008 年 10 月，在青岛"首届中国国际循环经济成果交易博览会"期间，美国环保协会携手中国中小企业协会，共同召开"循环经济与绿色供应链企业论坛"。沃尔玛、联合利华、中国移动等这些叱咤国内外市场、引领行业风骚的企业畅谈了它们的"绿色供应链"的计划与心得。

执法效能

执法效能指的是行政执法的效果和作用，是实现政府职能的重要因素。它能否有效发挥，是衡量一个国家法制化的重要标准，是体现一个国家经济和社会发展的主要因素。执法效能越高，政府以低成本实现管理职能的能力就越强。为了提高中国环境监察的执法效能，美国环保协会和环境保护部一起开展了"中国环境监察执法效能研究"项目。该项目开展的目的，是探索解决"执法、守法成本高，违法成本低"问题的途径，从而加大环保执法力度，提高环境监察执法效能。为分别研究环保部门和企业两方面反映出的执法情况，项目分为"环境监察机构执法效能研究"和"企业环境经济行为研究"两个子题。

"中国环境监察执法效能研究"项目第一阶段和第二阶段分别于 2005 年和 2008 年启动。其中项目第二阶段被纳入到环境保护部与美国联邦环保局签订的"中美环境法律制定、实施与执法合作"备忘录下。

2005 年 6 月，中国环境与发展国际合作委员会"环境执政能力"课题组启动。环境执政能力课题组是中国环境与发展国际合作委员会 2006 年"小康社会与科学发展观"主题下的核心课题组，承担为落实科学发展观、提升党和政府的环境执政能力提供建议的重任。2005 年 11 月，由人大环资委组织、美国环保协会和世界银行等机构支持的《环境立法与可持续发展国际论坛》在北京举行。此次研讨会加深了中美两国环境法律体系的相互了解，对双方进一步合作起到了推动作用。

2007 年 9 月 17 日，国家环保总局环境监察局与美国环保协会联合在北京主办了"中国环境监察执法效能研究"一期总结会暨《水污染防治法》"按日计罚"处罚方式研讨会。会议对"中国环境监察执法效能研究"课题组第一期的研究成果进行了总结，发布了《中国环境监察执法现状、问题与对策研究报告》，并就课题组的两项研究成果《关于修订〈水污染防治法〉中经济处罚方式的建议》和《关于在〈水污染防治法〉中规定的按日累计处罚法则的论证报告》进行了研讨。调查显示：受诸多因素制约，环境执法效能尚待进一步提高。

绿色出行

绿色出行就是采用对环境影响最小的出行方式，即节约能源、提高能效、减少污染、有益于健康、兼顾效率的出行方式。乘坐公共汽车、地铁等公共交通工具，合作乘车，环保驾车、文明驾车，或者步行、骑自行车……努力降低自己出行中的耗能和污染，这就是"绿色出行"。

从本地烟雾污染，到地区性酸雨，甚至全球大气污染，都与城市交通不无关系。城市交通所带来的问题随着经济的飞速发展已不是个别城市、个别国家的问题，已成为普遍性、全球性的问题，如何选择适当的城市交通工具，达到降低污染物排放，实现有限环境资源的持续利用，从而最终实现交通的可持续发展，是我们当前面临的一大难题。为此中国国际民间组织合作促进会和美国环保协会与全国 20 个城市的民间组织共同发起了"绿色出行全国行动"。

2006 年 6 月，中国国际民间组织合作促进会与美国环保协会在北京发起了"绿色出行"活动，倡导公众在选择出行方式的时候，优先选择对环境影响最小的方式，以此来减少交通污染，提高空气质量和保障人体健康。2006 年 10 月，"公共交通与绿色出行研讨会"在北京召开。来自北京市交通管理部门、清华大学等学术机构以及国际著名环保组织的资深专家到会研讨，为提高北京交通运营能力和改善空气质量出谋划策。

2007 年 6 月，北京、香港、上海、南京、拉萨、济南、西安、兰州、天津、佳木斯、昆明、厦门、额尔古纳、重庆、武汉、石家庄、南昌、南宁、广州、郑州 20 个城市的民间组织在北京发出"绿色出行联合行动"的倡议，

希望人们在出行的时候，尽量选择人均耗能和排污都比较低的交通方式，如骑自行车、步行等，长途出游尽量选择相对于飞机和汽车更加环保的火车作为交通工具。由此，"绿色出行"项目向全国推广至 20 个主要城市。之后，祖国各地如火如荼地开展了丰富多彩的"绿色出行"活动，如绿色健走、绿色骑行、绿色公交以及绿色出游等。

2007 年 8 月，由中国国际民间组织合作促进会、美国环保协会、北京产权交易所、北京环保宣教中心在北京市产权交易所共同发起了"绿色出行绿色奥运"活动。此次活动是在中国国际民间组织合作促进会和美国环保协会在 2007 年 6 月联合全国 20 个城市共同开展的"绿色出行网络"的基础上，携手北京产权交易所和北京市环境保护宣传教育中心共同发起的。2007 年 10 月，第七届世界体育与环境大会通过了《关于体育与环境的北京宣言》，充分肯定了北京奥运会的环保工作，把"绿色出行"认定为能帮助北京奥运会降低温室气体排放的重要手段之一。

2008 年 2 月，《北京市人民政府关于发布本市第十四阶段控制大气污染措施的通告》，把"少开一天车"等绿色出行活动列为保障奥运空气质量、倡导"碳中和"的重要公益活动内容，为实践"绿色奥运"、应对全球气候变化作出积极贡献。奥运期间，实行了单双号限行制。

2009 年 5 月，上海市环境保护局、上海世博会事务协调局、美国环保协会共同举办了"世博绿色出行"启动仪式暨新闻发布会。作为中国 2010 年上海世博会开园倒计时一周年系列活动之一，"世博绿色出行"活动旨在为世博会创造畅通的出行环境，传播"绿色世博"的环保理念。"世博绿色出行"活动开展时间从 2009 年 5 月至 2011 年 3 月，分为"迎世博"、"世博会会期"和"后世博"三个阶段。活动将推出"绿色出行网上计算器"、"绿色出行承诺卡"、"绿色出行穿越长三角"、"绿色出行游世博"等丰富有趣的活动形式与公众互动。2009 年 6 月，上海市环境保护局、上海世博局和美国环保协会在上海市环境科学院共同举办了"2009 世博绿色出行"研讨会。专家在发言中总结了北京奥运会在环境和交通方面的积极成果，讨论了京沪两地的地理环境差异，并对上海世博会期间的相关工作进行了展望和设想。

　　除了在中国进行的以上项目之外，美国环保协会还在中国倡导区域环境合作的主张。2004年6月，美国环保协会与国内多个部门和研究机构在合作开展环保领域的政策研究基础上，在杭州召开"区域环境合作高层国际论坛"，倡议打破行政区划，开展区域环境合作。会议发表《区域环境合作，全局科学发展》蓝皮书，苏、浙、沪三地通过《长三角区域环境合作宣言》。

　　2008年11月，第四届区域空气质量国际管理研讨会在北京召开。来自中华人民共和国环保部、美国环境保护署、美国环保协会、美国自然资源保护委员会、欧盟环境总司、清华大学、中国环境科学研究院、环境保护部环境规划院和地方环保局等有关人员参加了本次研讨会。研讨会讨论了六大议题：区域空气质量管理措施；政策支持及多领域合作机制；排污权交易体系；交通、燃料、机动车污染防治；空气质量管理的技术层面：颗粒物和臭氧；健康与环境影响的定量研究。

美国自然资源保护委员会

组织概况

美国自然资源保护委员会，简称 NRDC，是一个拥有 300 位科学家、律师和环保专家，致力于保护公众健康和环境的非盈利性组织。美国自然资源保护委员会拥有 120 万名支持它的会员，是美国最具影响力的环保组织之一，它在美国的办公室设在纽约、华盛顿、旧金山和洛杉矶，总部设在纽约。

美国自然资源保护委员会最初是由一家公益律师事务所发展起来的。1970 年，美国还处在工业化发展时代，污染非常严重。当时，几位环境公益律师创办了一家公益的环境律师事务所，代表环境权利受侵的公众开展诉讼。随着事业的扩展，律师们认识到法庭诉讼需要有充分的科学依据。就这样，美国自然资源保护委员会发展成由律师、科学家、专家组成，致力于保护公众健康、自然资源和全球环境的环保组织。

美国自然资源保护委员会的主要项目包括：控制全球变暖，拯救濒危野生动植物，创造未来的清洁能源，重振世界海洋，有毒化学物质与人体健康，加快绿化中国。

美国自然资源保护委员会致力于保护公众健康和环境，解决全球环境问题。美国自然资源委员会的宗旨：保卫地球——它的人类、植物和动物以及所有生命赖以生存的自然系统，在人类社会中将可持续性和善待环境树立为核心的道德要求，促进所有人都有权利在影响环境的决策中发出自己的声音。美国自然资源委员会在美国发起宣传，要求更高的环境标准，推动在水污染、大气排放标准和环境效率等领域的立法。该委员会的资金来自会员的捐款、公共筹款，以及私人基金会资助。在中国、巴西、加拿大、智利、哥斯达黎加、墨西哥、哈萨克斯坦、秘鲁、俄罗斯等国家都开展有活动。

主要活动

自 1970 年以来，美国自然资源保护委员会一直在美国大多数环保工作中起主要作用，曾帮助美国的全国性酸雨控制综合计划、改进与完善美国联邦政府与州政府的环境保护公众参与制度以及制定全国电器和设备能效标准。

美国自然资源保护委员会帮助美国制定了公民参与环境决策、公众获取环境信息以及环境法实施有关的大部分规范。它的专家在《奥胡斯公约》的起草过程中发挥过有益的作用，该公约是公众参与环境保护的主要国际条约。通过向国家环保总局提交延长征求公众意见的时间、取消听证会人数限制等建议，美国自然资源保护委员会帮助弥补了环境影响评价公众参与制度下有关项目重审规定中的不足之处。美国自然资源保护委员会还与地方合作伙伴一道，共同为数百名环保人士、新闻记者和政府官员提供国内、国际环境法实施和公众参与方面的培训。

美国自然资源保护委员会还致力于解决全球环境问题，帮助编制了包括环境保护公众参与、全球变暖、有毒杀虫剂等问题的许多国际条约，向俄罗斯和哈萨克斯坦提出如何处理核废料和节约能源的建议，在拉丁美洲与当地伙伴合作保护原始地域。

在中国的项目

美国自然资源保护委员会在中国的工作开始于 1997 年。2006 年，美国自然资源保护委员会正式在中国设立办公室。在中国的环境保护领域，美国自然资源保护委员会在中国的工作涵盖了环境公众参与、NGO 能力建设、环境法与环境诉讼、能源效率、清洁能源、绿色建筑、可持续交通以及公众健康等方面。在这些领域中，美国自然资源保护委员会支持促进更清洁能源的产生、增加建筑物的能源效率、减少交通的环境影响。推动环境法和公众参与制度的建立，它运用的方法是发展一些示范项目，从而催化更广泛的能源政策倡导。其在中国的项目有中国 21 世纪议程管理中心示范办公楼、清洁能源、可持续交通、环境法和公众参与。

中国 21 世纪议程管理中心示范办公楼：建一个面积为 130000 平方英尺的办公室，可以容纳中国 21 世纪议程管理中心和其他从事可持续发展的政府部门办公。该房屋按照高标准的节能、节水标准建造，通过了美国绿色建筑评估标准体系认证。

清洁能源：与建设部合作发展国家节能标准和住宅建筑物标准；积极推动中国能源问题的解决，特别是推动清洁煤技术以及炭回收和储存。

可持续交通：和地方合作伙伴合作，推动燃料电池汽车在中国的示范和商业化。

环境法和公众参与：和中国的环境 NGO、律师和政府合作，通过公众参与、公益诉讼和公众教育，改进和实施环境法。美国自然资源保护委员会的工作包括与中方合作伙伴一同起草公众参与环境决策的国家规范，NGO、律师、法官和政府官员以及公众的能力建设培训，以及出版简讯，围绕环境法和公众参与的不同议题展开合作研究。作为该项目的一部分，他们与中国政法大学环境资源法研究和服务中心建立了伙伴关系，共同为《公众参与环境保护办法》的起草工作提出建议，在环境法和公益诉讼方面为律师、法官、NGO 等开展培训，并共同就解决环境纠纷中遇到的难点开展研究。此外，美国自然资源保护委员会中国办公室在 2007 年与中国环境文化促进会合作建立"环境法公众研究网"（www. greenlaw. org. cn），帮助公众解读国内有关环境保护的法律法规条文，并把国外的法律实践介绍进来，既作为一个窗口，又作为一个桥梁，让更多的公众了解法律赋予他们的权利和义务。

美国自然资源保护委员会还关注跨国企业供应链在中国的环境污染状况，帮助企业和它们的用户从源头改进环境行为，从而推动全球消费者建立环境责任意识，并在日常消费活动中履行环境责任。

　　在推动新兴城市规划方面，美国自然资源保护委员会引进"理性城市发展"理念，针对城市基础设施，如交通、排水、建筑布局等因素，进行理性的可持续的规划。

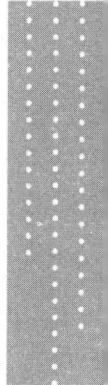

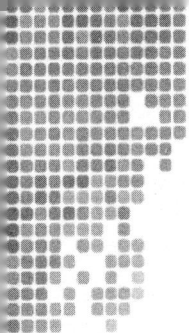

美国野生救援协会

组织概况

美国野生救援协会是1999年在美国注册的非营利机构，总部设在美国旧金山，其使命是取缔那些针对野生动物的非法贸易行为。主要目标是保护濒危的野生动物，对濒临绝境的野生动物提供直接的保护。具体体现为：大规模削减野生动物的非法贸易，把保护野生动物事宜提高到最高国际议程，保护荒漠地带，确保濒危物种种群数量的恢复，确保人类与野生动物长期和平相处。为了实现它的使命，美国野生救援协会独树一帜地把工作重点放在提高公众意识上，以减少人们对受威胁和濒危物种制品的需求，并争取社会各界加大对野生动物保护工作的支持力度。

美国野生救援协会为濒临绝迹的野生动物提供直接的保护；为那些在野地保护野生动物的队员提供训练及设备；支持各地社区加入保护野生动物计划的行列，并协助其保育活动茁壮成长；发展许多有创意的计划，以教育大众关于野生动物及生态平衡的重要性；使用调查性的研究方式及大量的媒体宣传来揭发非法走私，进而减少野生动物制品的市场；维护并扩展野生动物的栖息地，使被保护的野生动物得以再生并永续繁衍。

主要活动

野生动物保护行动

野生动物保护行动由美国野生救援协会与英国的 David Shepherd 野生动物基金会共同资助设立。它的使命是在全球的主要消费市场减少针对非法的野生动物制品的需求、推动国际社会采取必要措施，缩小非法的野生动物贸易的规模，唤起世界各国重视野生动物保护工作的意识。为此，野生动物保护行动致力于解决的核心问题有消费需求、政治意愿和环保意识。

消费需求：在传统的野生动物资源利用方式继续存在的情况下，消费者购买力的提高已经导致许多野生动物种群数量减少或者消失，在整个亚洲乃至全球范围内，导致它们的自然栖息地退化。野生动物保护行动的解决方案是通过聘请明星代言、制作创新的多媒体式的宣传节目来直接影响消费者的态度，改变他们看待自然界和野生动物的方式。

政治意愿：由于野生动物资源主要的消费国和来源国自身缺乏财力、专业知识和政治层面上的支持，它们的执法能力和推动变革的能力仍然是有限的。

野生动物保护行动除了聘请当地的文化界领军人物代言之外，还在所在地区做主要政府人员的工作，使他们有效地执行有关野生动物保护的刑法条款，从而使之为当地的野生动物保护工作直接提供支持和协助。

环保意识：在野生动物资源的来源国和消费国，当地的新闻界和文化界的领军人物往往没有参与环境保护工作，他们甚至认为没有宣传野生动物保护工作的必要，从而导致消费者环保意识差、缺乏环保责任感。

野生动物保护行动通过做幕后的工作，推动当地的社区、媒体和政府在中小学和大学里开展宣传教育，以切实减少针对濒危物种制品的需求，为未来的野生动物保护工作培养一支生力军。

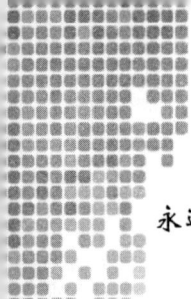

永远的加拉帕戈斯群岛项目

"永远的加拉帕戈斯群岛项目"的基本理念是确保加拉帕戈斯群岛生态系统的完整性，为当地人开展的旨在减少偷猎行为的举措提供直接的支持，在环境管理问题上为厄瓜多尔人提供培训，探索符合环保目标的具有可持续性的新的经济发展模式。

自1998年以来，野生救援协会一直在与加拉帕戈斯群岛国家公园管理局和当地社区保持密切的合作伙伴关系，扮演技术顾问和中间人的角色。野生救援协会的目标是通过与所有方面合作来为该群岛日益增长的问题寻找和平、可持续的解决方案。加拉帕戈斯群岛及其附近水域的保护工作面临着一系列重大的挑战，野生救援协会与当地的合作伙伴共同努力应对入侵物种、滥捕或非法捕鱼、污染和发展问题以及新的经济发展手段等挑战。

入侵物种：由于非本地的动物、昆虫和植物进入了该群岛，当地已经有数个物种灭绝，但仍然有入侵物种在进入该群岛，外来物种是当地独特的陆栖野生动物面临的主要威胁。

滥捕或非法捕鱼：来自于当地的、厄瓜多尔本土和外国的渔民所从事的非法的捕鱼作业对该群岛的自然保护区造成了破坏。受这些非法的捕鱼方式影响最大的物种包括鲨鱼、金枪鱼、龙虾和海参。非法捕鱼作业所捕捞的副渔获物中有海豚和海龟，因此，也有海豚和海龟因为上述作业而丧生。

污染和发展问题：伴随人口过快增长和旅游业扩大而产生的发展和污染问题对陆栖和海洋野生动物都造成了威胁。"杰西卡"号油轮是一艘为旅游船只和厄瓜多尔海军输送燃油和柴油燃料的油轮，该油轮曾发生搁浅溢油的事故，这一事故让世人看到了当地所面临的来自污染的威胁。

新的经济发展手段：海参捕捞业和手工龙虾捕捞业都存在滥捕的问题，在捕捞压力和不良捕捞方式的情况下，上述渔业是无法恢复的。进一步捕捞只会加剧对海洋生态系统的负面影响，加大对另外一种资源，即鲨鱼的压力。与渔民合作探索新的经济发展手段是一项需要优先重视的工作。

鲨鱼保护项目

野生救援协会的"鲨鱼保护项目"的目的是减少滥捕、对鲨鱼制品的过度消费，以及一些浪费鲨鱼资源的做法，例如在海上割掉鲨鱼鳍和在不必要的情况下把鲨鱼作为副渔获物捕捞上来等因素对鲨鱼造成的威胁。还要提高数据收集和研究工作的质量，倡导依据国际协议和公约为某些具体的鲨鱼物种做好保护工作，以支持各海洋保护区和其他实现鲨鱼保护措施的重要区域。

自2000年以来，野生救援协会的"鲨鱼保护项目"提高了国际社会保护鲨鱼的意识，重点宣传了在全球层面上保护鲨鱼资源的重要性。这一成绩为以下工作的实质进展作出了贡献：欧洲联盟规定禁止在海上割取鲨鱼，有两个鲨鱼物种得到国际保护，联合国就解决海上割鳍问题通过了一项决议，亚洲的鱼翅主要消费国和地区的鱼翅消费量大幅度下降。除了努力提高消费者的意识并开展旨在降低需求的宣传活动之外，野生救援协会的工作重点还有两个重要区域：中美洲和南美洲。这两个区域是鲨鱼鳍的重要来源。与此同时，野生救援协会继续努力推动强化有关鲨鱼保护的国际法律，并积极倡导鲨鱼作为旅游资源对各国政府的经济价值要大于鲨鱼肉或鲨鱼鳍的经济价值的观点。

在中国的项目

美国野生救援协会在中国的工作开始于2000年，野生动物保护行动于2004年在北京设立了办事处，并在中国组织了一些融媒体宣传和教育于一体的活动。

2004年9月，野生动物保护行动与中国野生动物保护协会共同开展了第二批绿色厨艺大使表彰活动；同年又与首都高校12个绿色团体合作主办了首都高校环境文化周，主要内容有举办环保摄影大赛，此前，还举办了"野生动物保护行动"北京高校巡展，向在校学生宣传保护野生动物的观念。

野生动物保护行动中国项目注重加强与媒体、政府决策部门、商业团体、国内外野生资源保护组织和教育部门的联系，鼓励个人、政府和公司积极地参与到保护野生动物的活动中来。

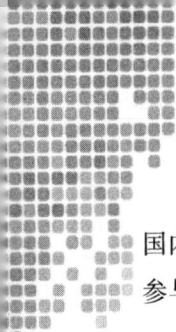

美中环境基金会

组织概况

美中环境基金会，简称 USCEF，是一个有着十多年历史、在美国和中国驻有办事处的非政府环境组织。自 1993 年以来，美中环境基金会建立了与政府部门、非政府组织、企业、院校和研究机构之间的合作关系，共同开展环境保护与环境教育事业。1995 年 1 月，美中环境基金会在北京成立了办事处，成为第一家在中国开设办事机构的国际环保组织。

美中环境基金会主要任务是帮助中国政府部门进行自然和文化遗产保护，致力于环境保护与经济开发相互协调发展，并且通过环境示范项目加强美中两国双边友好关系。美中环境基金会是一个项目执行性的非会员组织，虽然也对一些项目合作伙伴进行一定的资助，但是工作重点在于引进国际专家的技术支持和先进经验，创建并执行环境示范项目。

美中环境基金会的工作重点体现在下列三个方面：

为中国政府部门建立多方合作渠道。美中环境基金会协调联合中外专家和技术力量，建立多方合作小组，以支持中国的自然、文化资源保护区的环境教育和环境管理工作。

建立"合作伙伴关系"，有效地推进项目开展。美中环境基金会通过协调中外研究机构、政府部门和非政府组织、企业、院校和专业协会等多方相关单位，共同开展环境教育和资源保护项目。

提供优质服务，获得项目资助。美中环境基金会引进海外专家资源，比如景观规划与建设、公园解说与游人教育、自然保护区规划管理、生物多样性保护、环境教育和艺术设计等领域的专家，帮助开展中国的自然文化资源保护工作，获得国际社会的支持和资助，并且能够高效率低成本开展工作，使赞助者为环境事业的投入得到最佳回报。

主要活动

美中环境基金会主要开展有以下两方面的工作：资源保护规划和环境教育。

资源保护规划项目

参与自然、文化遗产保护规划的制定和实施，帮助人们了解这些珍贵的遗产并且自觉地以行动保护它们。通过这些努力使参观者在游览世界遗产、国家公园、自然保护区以及其他历史遗迹时，既获得满意的经历，又得到恰当的教育并升华个人的修养行为。

八达岭国际友谊林：美中环境基金会的第一个公园项目，位于长城最著名的地带。在八达岭长城西侧一条清秀幽静的山谷中，以旅游发展与自然保护相结合为宗旨，建设了一座具有示范意义的解说公园，向游人进行环境教育，并且介绍八达岭长城的历史文化风貌。公园由康菲石油公司资助，美中环境基金会设计指导，八达岭特区办事处和八达岭旅游总公司组织施工，并于2003年完成。

卧龙大熊猫自然保护区：美中环境基金会设计完成了卧龙大熊猫繁育中心的改造规划总体方案，并且正在参与执行其中的大熊猫圈舍改造和游人讲解中心建设项目。游人中心建成后将同时成为一个国际培训中心，为保护区解决急需的游客服务设施，并且又为大熊猫保护可持续发展提供资金来源。

云南高地生态系统保护：美中环境基金会设计并且为全球环境基金所批准的中国第一个中等规模非政府组织项目提供了技术支持。云南高地生态项目以保护山地生物多样性为目的，通过在重要的小流域地区成立合作管理委员会，培训村民参与生物多样性监督的方式，成为一种可以推广的以社区村寨为基础的自然资源保护管理模式。

保护北京的文化遗产：2008 年奥林匹克运动会，美中环境基金会计划进行了一系列保护北京文化遗产的活动。包括协助北京市主要公园制定景观改造规划，开展游人教育，推出以社区为基础的"公园之友"活动，为公园的保护和管理提供社会支持。

环境教育项目

通过开展公众教育培养公民的环境意识和对环境负责任的良好行为。美中环境基金会与各地不同的组织机构合作开展了各种各样的教育活动，包括呼吁保护野生动植物资源和生态环境系统。美中环境基金会在这一方面开展的主要项目，是康菲石油中国有限公司自 1998 年以来开始资助的"探索未来"环境教育系列活动。该活动帮助中国青少年增强环境意识，做环境好公民，已开展的活动有以下几项：

国际环境剧院：运用自主性和互动性的教育方式，辅导青少年通过舞台表演形式，把日常生活中所关注的环境问题表达出来，极富教育意义。这个项目从 2001 年 4 月开展以来，采取了富有成效的教师与学生培训两步走的方法。第一阶段先由美中环境基金会的戏剧专家对当地学校教师和社区项目人员进行集中培训，学习即兴表演技巧，提高剧情设计能力。第二阶段由获得培训证书的中国教师组织学生培训，利用课外兴趣小组的时间，在教师的辅导下由学生们自己讲故事、编剧情、设计舞台动作和道具，创造学生自己的戏剧。演练熟悉之后向社会进行表演，其幽默有趣的形式引起了新闻媒体的关注。

城市环境手册：以具体的城市环境历史和现状为主线，全面介绍城市的空气、水、噪声、固体废弃物和自然生态等各种环境条件，为教师提供了大量的信息。手册每一章节后面都附有练习题，以城市的环境系统作为实验室，由学生自己动手调查研究，解答问题。城市环境手册先后在北京、上海、天津、深圳和兰州五个城市出版，2002 年修改后的第二版在北京、天津出版。

环境考察场所指南：在北京、天津、上海和深圳四城市环保局的支持和

帮助下，为组织学生进行环境实验和考察编写的指导材料，为学校、教师和辅导员组织学生参观和考察环境场所提供了很大的方便。

"地球视线"招贴画："地球视线"招贴画是一系列帮助青少年了解环境状况的知识挂图和宣传画。从展示中国水资源的卫星照片，到国家公园和自然保护区的分布图，其主题内容多种多样。用彩色标记和图表的直观形式表现植被的分布和各种资源数据等环境知识，帮助青少年理解环境系统的现状和保护它们的重要意义。

爱护动物教育：美中环境基金会与美国动物与环境保护协会合作，翻译、改编并且在中国出版了一系列少儿环境与动物保护读物：《杰利、杰咪在中国》、《杰利、杰咪教师指导手册》和《善待动物、珍爱地球》，从幼儿时期就对孩子们进行爱护动物、尊重环境的教育。

环境实地监测：在政府环保教育部门和当地环境组织的支持下，美中环境基金会几年来组织了数以千计的中小学生参加环境实地监测。这种亲临其境、亲自动手的学习机会为孩子们提供了理解人与环境之间关系的无价课堂，其影响是直接、长远的。活动包括在北京护城河和天津海岸湿地进行的水质检测和在深圳进行的海岸清理义务劳动。

美国铁匠学院

组织概况

　　美国铁匠学院成立于1999年，创办人是一位从事废物处理和再利用的澳大利亚人，他很想为那些直接受污染影响的贫困社区提供实用的帮助。和其他许多从事环境问题的国际非政府组织不同，铁匠学院针对的是当地的具体问题而非宽泛的生态系统保护或环境政策。该机构取名为"铁匠"，就是想强调这种实用的方式，喻意熟练的工人"在肮脏的环境里打造出实用、有效并且经得起时间考验的东西"。

　　铁匠学院的宗旨是确保未来我们的后代能够接触到一个干净的、友好的星球，不论他们的文化或经济状况如何。

　　铁匠学院通过支持关注特殊环境问题的地方政府、民间组织和个人的方式，致力于解决发展中国家的环境污染问题。因此，铁匠学院主要在发展中国家开展项目，协助地方合作伙伴为具体的污染问题寻求解决方案，减轻高危化学毒物对人体健康的危害。

　　铁匠学院关注的问题包括：下水管道系统、工业废物管理、有害废物农药、药品废物、固体废物管理、法律构成和立法、非政府机构等。

　　铁匠学院与捐赠者、政府、机构学院、NGO等紧密合作，为地方上致力于解决这些特定污染问题的推动者提供战略、技术和资金等方面的支持。

主要活动

铁匠学院工作的主要推力就是它的"被污染地"项目。该项目找到环境被严重污染甚至已经达到威胁当地人健康的程度的地区,然后清洁当地的环境。一个由环境和社会科学专家组成的国际顾问小组为解决方案提供各种建议。铁匠学院为当地机构提供小额拨款,用于社区干预、公布和减少健康风险,并针对具体的污染问题,协助当地合作伙伴,团结各方力量,设计并执行修复方案,从而解决问题。但铁匠学院对合作伙伴的支持主要是技术研究、战略支持、资源网络和资金支持。

2006 年,铁匠学院列出了全球十大最严重被污染地点:

乌克兰切尔诺贝利核泄漏遗址;俄罗斯西部捷尔任斯克:冷战时期化学武器生产地,现在的化工中心;中国山西临汾:中国煤炭工业中心;津巴布韦卡布韦:矿业和冶炼中心;多米尼加共和国的艾纳:电池回收和溶解使当地居民深受铅污染;印度的拉尼贝德:三百万人受到制革业废料的影响;秘鲁的拉奥罗亚:矿业小城,铅污染严重;吉尔吉斯斯坦的迈利赛:核废料储存城市;俄罗斯的诺里尔斯克:工业污染;俄罗斯的鲁德纳亚普里斯坦:铅制造业中心。

铁匠学院的其他活动还有:

俄罗斯:波波夫岛是俄罗斯海参崴的一个著名旅游胜地,曾经受重度汞污染,汞含量超标(EPA 标准)40 倍以上。铁匠学院帮助当地对供水系统进行了治理。该地曾有数百个破碎的温度计被投入水箱中,水银泄露污染了整个小镇的输水管。铁匠学院和当地政府一起资助了修复项目,替换了受污染的管道和水箱。

印度:铁匠学院成功发起并治理了印度坎普尔地区地下水受六价铬污染的问题。六价铬是一个致癌率很高的物质,常见于制革业。坎普尔是印度的皮革工业中心,周围地区受污染程度非常严重。这个试点项目是和中央污染控制局合作,将相关化学物质注入地下水中,与六价铬反应,使得生成化合物能够吸附在岩壁上，而不污染地下水源。印度古吉拉特地区一个村子，有2750吨富含重金属的废渣，铁匠学院帮助当地用蠕虫、微生物等生物修复技术进行治理。有毒工业废渣的堆积对当地地下水造成了污染，已经不能饮用。铁匠学院和当地政府、民间机构合作，资助了一个三个阶段的清理项目，其中最后一个步骤是用蠕虫吞噬重金属，从而减少土壤的污染。

赞比亚：赞比亚卡布韦的一个遗留的铅矿造成了当地严重的污染问题，致使当地居民患病较为严重，甚至由于长期的铅污染致残。在铁匠学院的强烈敦促下，世界银行承诺出资金为这个30万人的城市清理土壤中的铅污染。在为世界银行监督清理行动的同时，铁匠基金会继续在当地进行了四年的健康教育，让公众在日常生活中减少与铅污染的接触。

几内亚：通过铁匠学院资金和技术支持，几内亚政府颁布了关于出售和进口含铅汽油的禁令。项目实施牵涉了如下政府部门：矿业、地质和环境部，公共卫生部，水利和能源部，交通和公共事务部，贸易、工业和中小企业部。

坦桑尼亚：铁匠基金会帮助坦桑尼亚政府颁布关于出售和进口含铅汽油的禁令。

在铁匠基金会的资助下，柬埔寨政府组成了一个由政府机构和技术专家组成的工作小组。该小组起草了两个环境法规：第一个是关于危险化学品的控制立法，第二个是城镇空气质量监控的技术指导。

在中国的项目

铁匠学院从2002年开始在中国工作。铁匠学院在中国的工作有：

对内蒙古非法开采锌铁矿和东乌旗一家造纸厂的排放的研究，并由绿色北京围绕着上述问题开展后续的倡导活动；

对重庆三峡库区的垃圾处理的研究，由重庆市绿色志愿者联合会执行；

由云南省环保局执行的一个试点项目，为昆明滇池边的一个村子设计废水和废物管理策略。

美国国家野生动物联合会

组织概况

美国国家野生动物联合会，简称 NWF，其使命是启发美国人为了孩子们的未来去保护野生动物。美国国家野生动物联合会的工作重点集中在将对美国野生动物的未来产生最大影响的三大领域：对抗全球变暖、保护和恢复野生动物栖息地、与自然界接触。

全球变暖对野生动物的威胁是最为紧迫的，联合会通过教育、宣传，将全球变暖的现实及其影响摆在美国行动议程的最前沿。联合会的支持者持有共同的意见，即迫使各国提升并制订针对全球变暖影响的法律，给予野生动物"反击"的机会。在保护和恢复野生动物栖息地领域，联合会通过一系列策略、项目保护，建立和修护动物栖息地等，为孩子们保留珍贵的野生动物遗产。

美国国家野生动物联合会注重保护美国所有的大型水体，从五大湖、路易斯安娜海岸，到生物多样性丰富的湿地，都在保护范围之内。

主要活动

美国国家野生动物联合会在优先区域推广栖息地恢复项目，努力让公众拥有公共用地，联合会承诺拯救濒危和受威胁物种，使最为珍贵的野生物种能免于灭绝，包括秃头鹰、美洲鳄、佛罗里达黑豹等。

美国国家野生动物联合会与美洲土著部落合作，共同为各种流浪的野生

美国国家野生动物联合会宣传图片

动物恢复栖息地，比如狼、野牛和猞猁等。在与自然接触这一工作领域，联合会希望通过培养人与自然深刻而个性的情感，不断尝试扭转这种局面。"绿色时刻"和"野生动物栖息地"两个项目以及"NWF增进自然接触运动"，让人们能进一步与自然世界亲密接触，使其自然而然地树立起保护自然的责任感。

Help Us Help Them

美国国家野生动物联合会宣传图片

美国国家野生动物联合会的项目影响力比较大的是"解决黄石野生动物冲突"项目。黄石国家公园是美洲大陆上一些最珍贵野生动物的家园，如灰狼、大灰熊、大角羊和美洲野牛等已经成为美国大型野生动物遗产的象征。不过不幸的是，对于在黄石公园中生活的动物和其他许多野生动物而言，公园的划界并不明晰，如果它们不知不觉闯入附近牧场或农场，就必然面临死亡的危险。野生动物组织必须保护在那里吃草的牲畜，所以他们往往只好重新安置牲畜牧草的区域，甚至射杀那些游荡在公园之外的动物。联合会也针对这个问题提出了一项解决方案：给牧场主补偿，让他们将牧草分配区域移出公共地域，这样就可以确保成千上万亩黄石公园土地上野生动物的安全。不过，项目的目的并不在于将牧草区移出公共用地，而是解决长久以来牲畜和野生动物之间的问题。

美国蓝月亮基金

组织概况

奥尔顿·琼斯是美国能源公用事业领域内的一位商界领袖，他经营的公司在 19 世纪 40 年代修建了从美国得克萨斯州到美国其他多个城市的石油管道。1944 年，他成立了奥尔顿·琼斯基金会，该基金会成立后的几十年里经常支持环保项目。2002 年，该基金会重新调整了结构，设立蓝月亮基金。

蓝月亮基金的宗旨是通过改变人的消费和自然世界的关系来改善人类状况，在美国和亚洲主要支持三个主题的工作："对消费和能源的重新思考"、"平衡人类和自然生态系统之间的关系"以及"激活城市社区"。其中城市社区项目主要支持在美国的工作。

能源、生态和城市社区

在中国的项目

蓝月亮基金与 Batelle 纪念学院（美国俄亥俄州的一家非营利研究中心）和中国发改委合作进行热电联动能源效率的研究和发展，适用于医院、学校、工厂和住宅楼。

在能源基金会的协调下，蓝月亮基金参与了将快速公交系统引入到北京、上海等中国的几个大城市的规划过程。

它帮助成立了北京全球问题研究所，这是中国第一家专门致力于使用多学科、以市场为基础的方法推动环境问题解决的 NGO，主要从事"清洁发展机制"，如排污权交易的研究和运用。

蓝月亮基金还支持了美国保护大自然协会和保护国际两家国际 NGO 在中国的工作。

加拿大森林管理委员会

组织概况

　　加拿大森林管理委员会，简称FSC，是一个独立的非政府非营利性组织，它将人们联合起来，促进负责任的世界森林经营，并为由林业操作不善而引起的问题寻求解决方案。它为对于森林负责任感兴趣的公司和组织提供标准制定、商标保证、认可服务和市场准入。贴有FSC标签的产品是独立认证的，它向消费者保证了产品来自于能够满足当代和后代的社会、经济和生态需求的森林。

　　1990年，美国加州会议上，一些消费者、木材贸易组织、环境和人权组织代表认为有必要创建一个诚实可信的体系来识别良好经营的森林，将其作为可接受的林产品来源。会议结论认为此系统应当包含全球公众舆论对良好森林经营的定义、对森林经营的独立审核以及一个全球伞形组织。森林管理委员会的名称由此产生。1993年10月，来自26个国家的130名代表在加拿大多伦多成立森林管理委员会理事会，并推选出董事会。

　　1996年2月，森林管理委员会作为法人实体在墨西哥注册。1997年1月，第一个FSC国家标准在瑞典得到批准。2004年12月，鉴于森林管理委员会对改善世界森林管理的贡献，它赢得著名的"ALCAN可持续发展奖"，并在3年内获得100万美元奖金。

　　加拿大森林管理委员会的愿望是世界森林满足当代人、但不妥协后代人的社会、生态、经济权利和需求。为此，加拿大森林管理委员会旨在促进世界范围内对环境适宜、对社会有益和经济可行的森林经营：对环境适宜的森

森林生态系统的良性循环

林经营确保在利用木材和非木质林产品的同时维护了森林的生物多样性、生产力及其生态过程；对社会有益的森林经营帮助广大当地居民和社会享有长期利益，也激励当地居民维持森林资源、遵守长期的经营方案；经济可行的森林经营即指森林作业是有组织和有管理的，确保在获取足够利润的同时，不产生以牺牲森林资源、生态系统或影响社区为代价的经济利益；以求获得充分的商业利润与负责任的森林作业原则之间的紧张关系是能够通过营销林产品的最佳价值的努力而减小的。

主要活动

加拿大森林管理委员会的独特任务是联合全球南北方（发展中和发达地区）的个人、组织和企业开发基于公众一致意见的解决方案，促进负责任的世界森林管理。在林业领域，FSC 的标准对社会和环境的要求是最高的。

1993 年，森林管理委员会颁发了第一个 FSC 森林经营证书（墨西哥）和第一个产销监管链证书（美国）。

1996 年，森林管理委员会首次签署了四个森林经营证书的认可合同。第一个认证和贴标签的产品——木铲面市（在英国销售）。第一个森林管理委员会工作组（英国）由森林管理委员会董事会认可。森林管理委员会会员批准了关于人工林的标准。

1999 年 6 月，第二届森林管理委员会会员大会在瓦哈卡召开，产生了第一个通过认证并贴标签的非木质林产品——糖胶树胶（墨西哥）。第一本完全使用 FSC 认证纸张印刷的书 *A Living Wage* 由 Lawrence B. Glickman 出版。

2002 年春，森林管理委员会开发了产销监管链的团体认证证书以及多地址机构抽样。董事会决定在德国波恩设立森林管理委员会国际中心。2002 年 9 月，森林管理委员会董事会认可了 FSC 社会战略。社会战略希望有效地体现证书和目标的社会效益，尤其是机会均等、支持社会边缘群体的能力建设，以及平等分配林产品的市场和其他利益。

2004 年，首届森林管理委员会展览会在巴西展示了全部 FSC 产品。经过两年的开发，FSC "小规模、低经营强度的森林" 标准开始生效。

2006 年 3 月，森林管理委员会创立国际认可服务公司，作为独立的认可商业实体，它进一步加强了森林管理委员会认可项目的效力，为探索认可的新领域打开了潜力。2006 年春，FSC 市场公认度在欧洲达到巅峰。在瑞士，超过半数的人口识别 FSC 的标签。FSC 征服了欧洲纸业市场——其营业额增长了 50%。

2006 年 10 月，FSC 受控木材标准生效。FSC 受控木材澄清了 FSC 混合产品中未经认证部分木材的要求，它帮助 FSC 产销监管链企业避免不可接受的木材来源。

2007 年 9 月，全球 FSC 战略由森林管理委员会董事会通过。

加拿大森林保护网络

组织概况

加拿大环保主义者在 1993 年成立了森林保护网络，简称 FAN，其目的是阻止对英属哥伦比亚原始森林的砍伐。

加拿大森林保护网络早期采取的行动策略包括"抱树"抗议，即该机构的成员爬到商业伐木公司正在作业的树上，以搅乱伐木行为，同时吸引公众关注这项事业。

森林保护网络一直鼓励媒体对加拿大原始森林减少的状况给予更多的报道。该网络还游说那些木材加工企业（例如家具、地板以及建筑材料的生产商），鼓励它们只购买获得相关国际机构认证的可持续性获取的森林产品（"可持续性获取木材"是指从人造林取材，或是以非常有选择性的间伐方式，而非以大规模皆伐方式从原生林获取木材）。

森林保护网络在中国的工作开始于 2003 年。自从 1998 年中国禁止砍伐本国的原始森林后，中国的木材进口随即大幅攀升，其中包括从英属哥伦比亚进口濒临消失的森林伐取的木材。因此，森林保护网络把活动拓展到了中国。为了保护加拿大的森林，该组织劝说中国的生产商和消费者选择使用可持续性获取的森林产品。

该网络成员于 2003 年来华访问，并会见了中国的一些非政府组织、研究人员和媒体代表，阐明和宣传了森林保护事业。从那时起，该网络委派了一名常驻中国代表继续开展这方面工作，同时还和中国的非政府组织密切合作，以提高中国消费者和木材进口商的森林保护意识。

太平洋环境组织

组织概况

太平洋环境组织创立于 1987 年，最初的名称为"太平洋能源和资源中心"。该组织成立初期的工作重点是国际能源和资源问题，那些帮助定义和规范的新出现的全球环境问题以及促进实施国际环境法的科学和学术性文章，为该组织赢得了声誉。

太平洋环境组织的宗旨是保护野生环境、授权本地社团组织以及建立全球合作，其目标是致力于通过加强民主、支持基层（草根）组织联合当地社团及重新定义国际政策来保护环太平洋地区的生存环境。

太平洋环境组织的方针：支持本土的环境斗争，每年将 1/3 的财政用来支持当地正在从事的关键斗争，如非法伐木和捕鱼的草根组织；坚持企业及银行应承担的环境职责，如对抗那些在背后支持石油业、矿业及伐木业的银行，还有那些从中获利的公司企业；推广最佳环境项目，如支持可持续性渔业、绿色能源和各种以环境保护为第一考虑的项目计划；建立全球运动：太平洋环境组织联合环太平洋地区的环境学家和社团组织希望建立一个全球性的运动来面对全球性的环境威胁。

主要活动

1991 年，太平洋环境组织成为第一个将大家的注意力转向受威胁的西伯利亚针叶树林地带的 NGO，并开始在俄罗斯工作。通过在《华盛顿邮报》、

《自然》杂志以及其他媒体上发表文章，太平洋环境组织将其所有重点投入到了"清算"俄罗斯冷战后经济时代的自然资源上。同时，他们开始与当地环境组织和环保活动者合作。很快，太平洋环境组织在俄罗斯取得了明显胜利。

1993年，太平洋环境组织与俄方合作伙伴一起开展环境运动，并成立了Botchi自然保护区，它保护了俄远东地区非常有价值的森林，使之免遭Weyerhaeuser公司的砍伐。同年，他们与俄远东地区的乌德盖人一起使300万英亩（约1800万亩）的森林免遭砍伐（在Bikin分水岭上），目前该区域已成为了野生动植物的避难所。接下来的几年，太平洋环境组织继续在俄罗斯开展和实施富有创意和有效的环境战略。太平洋环境组织还帮助俄罗斯创立环境运动策略，与国际环境专家合作，努力争取外部资金，这些促进了20世纪90年代俄罗斯环境运动的巨大发展。太平洋环境组织还继续通过媒体，将很多国际注意力投向俄罗斯的环境问题，如《时代》杂志的一篇封面故事以及《纽约时代周刊》的大幅报道，《旧金山观察》、《华尔街》上的相关文章等。

20世纪90年代中期，太平洋环境组织开始把重点放在起关键作用的、导致俄罗斯资源耗竭的国际金融机构上。该组织发起一项长期的努力，即把环太平洋地区的基层环境主义者与国际政策决策者，特别是那些有政府支持的出口信贷机构联系起来。由此，他们开创了阻止有破坏性项目融资的先例，同时改善其他的类似机构，把它们作为一项改革出口信贷机构的社会和环境政策的国际运动，即ECA监督。1996年，太平洋环境组织和合作伙伴一起阻止了一个金矿的融资，而该金矿的建设将会蚕食勘查加半岛的世界遗产地。

太平洋环境组织在发展中开始把注意力放在更广阔的环太平洋周边地区。例如，他们将12个太平洋周边组织组成"火环"同盟，以保护该地区的年代较老的森林。

在中国的项目

拯救中国海洋网

2004年4月，太平洋环境组织帮助创建了第一个中国保护海洋的联盟——拯救中国海洋网。各种国际和本土的环境组织、各类媒体、中国海洋学家都可参与其中，他们把应对珍稀海洋生物的非法交易作为当前工作的重点。为了取得更大的影响，他们已经在保护生物敏感栖息地、迫使国际金融组织采取更加严格的环境标准，以及保护海洋等脆弱生态系统方面取得了关键性的胜利。拯救中国海洋网努力填补环境科学研究与环境运动之间的空白。通过拯救中国海洋网，太平洋环境组织为社团和环境科学家提供合作的桥梁。拯救中国海洋网利用网络这个通信工具，将那些地域上遥远的草根组织密切结合起来。

支持草根组织

太平洋环境组织一直关心草根组织最迫切的需要。他们每年都和全球绿色资助基金合作，为中国大约50多家草根组织提供基金与支持，使其成功开展工作。他们的合作伙伴在中国产生了巨大影响。在新疆，一个由社团建立的环境网络努力增强全国对新疆地区土地沙漠化的注意力。在黑龙江，2003年，学生社团筹划了一场基于网络的、停止买卖玳瑁及其制品的运动。在北京，他们成功地说服了100多家国营餐馆停止使用一次性木筷。此外，太平洋环境组织还与中国石油和环境网络、"绿眼睛"、绿色安徽、"绿驼铃"等组织有合作。

亚洲动物基金会

组织概况

亚洲动物基金会是英国的谢罗便臣女士于 1998 年创办的，总部设在中国香港，是一家正式注册的非政府非盈利的动物福利慈善结构，同时在英国、美国、德国、澳大利亚和意大利设有办事处并在这些国家享受税收减免的待遇。

亚洲动物基金会的使命是改善亚洲地区所有动物的生存状况，在亚洲结束动物虐待并恢复对所有动物的尊重。

亚洲动物基金会致力于拯救和帮助亚洲的野生、驯养及濒临灭绝动物。呼吁停止屠杀和用猫、狗等家庭宠物作为餐饮食物；呼吁淘汰把导管插入黑熊腹内抽取胆汁的养熊业，并且希望通过倡导替代药物的使用，淘汰用动物器官作为药物生产的原材料；拯救中国及越南的黑熊。

亚洲动物基金会的美好愿景就是通过个别动物对人类激发的感情，给全体动物的生存状况带来改变。亚洲动物基金会宣扬爱护动物、尊重生命的信念，并相信增加对动物爱护和关心，可减少它们受虐的机会，从而可以让人知道怎样爱护动物。

亚洲动物基金会由居住在亚洲的专业人士管理，借着与地方民间团体和各国政府建立的合作关系，为当今在复杂变幻的环境下苦苦挣扎的动物寻找富有建设性的解决方案，保护动物免受虐待。具体的方法有调研、协商和教育。

调研：亚洲动物基金会采用最先进的兽医技术、动物护理和环境保护科学，凭借其完善的组织架构和遍及亚洲各国的实地工作人员，根据不同地区的实际需求，为当地的动物提供解决方案。

协商：亚洲动物基金会努力与各国政府基金进行富有成效的沟通和合作，开创双赢的局面。

教育：亚洲动物基金会在社区基层推广富有创意的项目和活动，进而给人们的观念带来深远的变化，并激励人们与动物和平共处。

截至 2008 年，亚洲动物基金会在中国香港的总部有 24 名全职雇员，在澳大利亚和英国分别有 2 名全职工作人员，在德国有 2 名兼职工作人员，新西兰则有 1 名全职雇员。在中国内地，聘请了 2 名全职兽医、1 名兽医护士、1 位黑熊饲养经理、7 名管理人员以及 50 名行政人员和工人。

主要活动

拯救黑熊

拯救黑熊活动旨在呼吁淘汰黑熊养殖和提取黑熊胆汁工艺。在亚洲有超过 10000 头黑熊被囚禁在养熊场狭窄的铁笼内，被人以残忍的方法抽取胆汁用于传统医药。亚洲动物基金会与政府合作，救助养熊场内的受困黑熊，致力于在亚洲彻底终止这一残忍且毫无必要的行业。

黑　熊

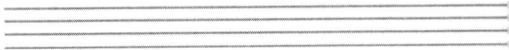

挚友或佳肴

该活动旨在呼吁解救宠物狗，防止宠物狗被屠杀后用作餐桌食物佳肴并培养它们成为人们的宠物朋友。每年在中国和韩国都有上千万的狗类被当作食物残忍屠宰，亚洲动物基金会致力于从内心深处改变人们的观念，与当地动物福利团体合作，共同为改变吃猫吃狗的饮食习惯寻求解决方案。

狗医生

亚洲动物基金会呼吁让宠物狗进入医院或老人福利院，成为陪伴病员和老年人的陪护宠物。这是亚洲首创的动物治疗计划。目前有超过 300 位专业"狗医生"在亚洲地区对医院、老人院、学校、残疾人中心和孤儿院进行定期探访，向人们证明伴侣动物是人类最佳的朋友和帮手。

狗教授

亚洲动物基金会呼吁让宠物狗进入学校，让孩子更新对宠物狗的认识，培养爱护动物的观念。

亚洲动物基金会首创的"狗教授"计划，在帮助小学生提高英语口语能力的同时，给予他们近距离接触小狗的机会，激发他们对动物的爱护和尊重。

亚洲项目

亚洲项目致力于帮助亚洲地区面临困境的动物，其行动包括开展野生动物市场考察、对受困动物进行紧急救助、资助小型动物福利团体、宣扬"无伤害治疗"的理念。许多野生动物因为人们对其器官的商业利用而变得异常濒危，如果不采取行动，越来越多的动物将会面临与黑犀牛、老虎同样的命运，极有可能濒临灭绝。亚洲项目正是针对这一现状而开展的活动。

在中国的项目

亚洲动物基金会在中国开展工作始于 1998 年，主要工作领域是动物福利，目前在中国的主要项目有拯救黑熊、"挚友或佳肴"公众教育项目、"狗医生"、"狗教授"。

拯救黑熊

2000 年 7 月，亚洲动物基金会与中国有关政府部门签订了一项开创性的协议，率先拯救四川省内条件最恶劣的养熊场中 500 头受难月熊，并为将来在中国彻底淘汰活熊取胆业和推动熊胆中草药替代而努力。这一具有历史意义的协议是中国政府与国外动物权益保护组织达成的第一个协定。2000 年 10 月，中国"拯救黑熊"行动正式开始，63 只黑熊从养熊场中被释放，27 个养熊场被关闭。

2002 年 12 月，亚洲动物基金会与四川省林业厅合作，建立"龙桥黑熊救护中心"。该救护中心在成都以北 26 公里，位于新都市龙桥镇；救护中心的康复区和竹林区，为黑熊建造安全且完全符合自然的家园。中心面积为 180 亩，分为兽医院、隔离区、康复区和生活区四大部分。

2003 年 10 月，亚洲动物基金会在成都中医药大学举办了首次"拯救黑熊，弃用熊胆"熊胆替代研讨会，揭开了其熊胆替代推广教育活动的序幕。超过 200 名中医药大学学生参加了研讨会并签名宣誓弃用熊胆。2004 年 8 月，亚洲动物基金会成功在北京举行了首次熊胆替代国际研讨会，来自英国、美国等地的专家和学者，与国内的中医药界人士一起，对如何推广熊胆替代品进行了探讨。

2005 年 7 月，一个由国际国内的专家组成的考察组调查了四川黑熊的分布情况。2005 年 12 月，备受尊敬的全球知名动物行为专家、动物保护活动家珍·古道尔博士访问了黑熊救护中心。2006 年 5 月，6 头来自四川西昌一家倒闭动物园的黑熊和一只马来熊被解救至救护中心，这也是救护中心有史以

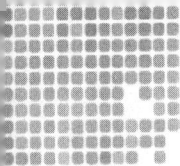

来首次救助的马来熊。

2007 年 2 月，美国《动物星球》频道导演何丽冰女士导演的《月熊：自由之路》于 2 月中旬由全球知名的探索频道在澳大利亚、新西兰、日本首映。此片还在全球巡回播放，帮助亚洲基金会把救助月熊的声音传播到全球每个关爱动物的人耳中。2008 年 9 月，亚洲动物基金会出资 6000 美元，再次资助四川境内野生亚洲黑熊（月熊）数量的重要考察项目。

截至 2009 年 2 月，亚洲动物基金会已成功救助了 260 头取胆熊。

"挚友或佳肴"公众教育项目

2008 年 6 月，亚洲动物基金会"挚友或佳肴"公众教育项目小额资助计划，是亚洲动物基金会建立的一个支持中国内地动物保护团体开展动物福利公众教育工作的资助计划。该计划旨在通过为中国的动物保护团体提供小额资金和宣传资料等形式的资助，帮助他们在所在地区开展"挚友或佳肴"、"做负责任宠物主人"等的公众宣传和教育项目，从而将动物福利理念传播到中国各地，让更多的人了解中国动物福利的现状，并加入到改善中国的动物福利状况的事业中来。

在中国，有越来越多的家庭饲养宠物，把猫和狗当作家庭的重要一员。据新华社报道，全国被当作宠物饲养的伴侣动物数量已经达到了 1.5 亿。它们不仅给人们带来了情感的慰藉和鼓舞，而且还给人们带来了健康。饲养宠物对健康的益处已经得到了全世界许多科学研究的证明。除此之外，在现代社会中，狗也在多个领域为人类提供着无可替代的宝贵帮助。它们是病人的医生，给病人带来战胜疾病的勇气和鼓舞；它们是警察的朋友，帮助搜寻各种危险物品，在自然或人为的灾难中救助受困的伤员；它们是失明人士的眼睛，失聪人士的耳朵……伴侣动物已经通过各种方式证明了自己对人类社会的价值和贡献。所有这一切都表明，伴侣动物值得我们更多的尊重和爱护。"挚友或佳肴"公众教育项目，正是要向更多的人传播这一信息，让更多的人认识到伴侣动物作为人类最佳朋友和帮手的作用，从而改变人们把伴侣动物当作食物或皮毛的习惯，帮助减少动物虐待。

该项目要求：提升伴侣动物作为人类最佳朋友和帮手的地位，改变人们对待伴侣动物的态度；减少虐待，改变吃猫狗肉以及使用猫狗皮毛的习惯，影响公众在此问题上的态度和观念；宣扬"做负责任宠物主人"的理念和做法，减少动物遗弃，为伴侣动物创造更和谐的生存环境；促使更多人采取行动，加入改善伴侣动物福利的事业。

狗医生

2004 年 11 月，亚洲动物基金会的成都"狗医生"项目正式启动，先后有 20 多只"狗医生"加入这个项目，对成都华西第四医院姑息关怀科、成都 SOS 国际儿童村、成都第一社会福利院、成都颐乐村老人院以及四川圣爱特殊教育培训中心进行了定期探访，深得病人、医护人员、儿童、老人及社会各界的赞许。2006 年，广州"狗医生"项目正式启动，亚洲动物基金会联同广州本地 5 家动物保护团体一起开展文明养宠社区宣传活动，"狗医生"出席活动并向社区居民宣扬关爱动物、文明养宠、共建和谐社区的理念。2007 年，深圳"狗医生"项目正式启动，中央电视台 CCTV – 10《绿色空间》栏目连续三晚播出以深圳"狗医生"考试为主题的《"狗医生"诞生记》节目。同年，广州"狗医生"们出席首届广州宠物节活动。2008 年，广州、深圳两地的"狗医生"、"狗教授"义工们一起参加了在广州番禺南沙举办的义工年度聚会活动，两地义工们欢聚一堂，相互认识交流，共度了一个愉快的周末。

狗教授

2008 年 12 月，亚洲动物基金会在广州万松园小学启动了全新的动物福利教育项目——"狗教授"。

让狗狗走入课堂，把关爱动物作为学校教育的内容，这在国内还是一个创新的做法。孩子们因为缺少和动物相处的经验，对身边的小动物有许多误解和偏见，因此也缺乏对小动物的尊重。而培养孩子善待生命的观念，对塑造其人格是十分重要的。研究表明，关怀动物的儿童长大之后更有可能成为感情健康、具有同情心和认同感的成年人；相反，许多严重的暴力犯罪分子在童年时期都曾经有过多次虐待动物的经历。而"狗教授"项目正是让狗狗们走进小学课堂，担任"教师"的角色，向孩子们传播"关爱动物，善待生命"的理念，"亲身传授"如何和小动物友好相处、如何照顾狗狗的知识。这一项目的实施将有利于孩子形成良好的人格，使孩子长大后成为感情更健全的成年人。2009年4月，亚洲动物基金会成都"狗教授"项目正式启动。"5·12"地震一周年之际，亚洲动物基金会的四只"狗教授"来到了位于地震灾区都江堰的太平街小学，不仅给这里小学三年级的70多位小朋友上了一堂非常生动的关爱动物的课程，还给这些小朋友带去了一份意外的欢乐。

拯救中国虎国际基金会

组织概况

　　拯救中国虎国际基金会是一个以保护华南虎为主要目标的民间组织，2000年由美籍华裔女士全莉在英国创办，2002年和2003年分别在美国和中国香港注册。迄今为止，该基金会仍是中国国外唯一一个完全针对中国的老虎及其他濒危猫科动物的慈善福利机构。

　　地球上仅剩余的五个老虎亚种：西伯利亚虎（东北虎）、孟加拉国虎、苏门答腊虎、印支虎和中国虎，都处在极其濒危的境地。中国虎（也被普遍认为是华南虎）是所有虎亚种的祖先，但却是濒危的5个亚种中最濒危的，早在20世纪50年代，中国有约4000只中国虎。但由于人类的捕猎和栖息地的破坏，如今地球上只剩下不到100只了！拯救中国虎国际基金会正是基于这样的背景创立的。

　　拯救中国虎国际基金会的目的是广泛引起世界各界对中国虎现状的关注，通过提供相关信息，让人们了解中国虎的处境和未来命运。通过公众教育，把先进的保护模式介绍到中国并加以实践，筹集资金来支持这些行动，为拯救和保护中国虎而努力。

　　拯救中国虎国际基金会致力于将国外的先进野生动物保护概念和模式带进中国，寻求国际社会的支持，与中国相关组织建立伙伴关系，寻找方法，解决人虎之间的矛盾，使两者和平共处；帮助在海内外各方面，包括公众、教育、商业、科技和政府的相关机构和组织之间进行沟通；与现在和未来的组织合作，最大限度地增加通过共同努力取得的成果。

主要活动

拯救中国虎国际基金会的工作重点：通过有效的管理，使濒临灭绝的华南虎种群数量在中国本土面积较大而又安全的栖息地上逐渐增加。拯救中国虎国际基金会在中国的工作开始于其创办之时，即 2000 年，其保护华南虎的主要项目有老虎野化项目、老虎繁育项目和建立中国虎先锋保留地。

老虎野化项目

2002 年 11 月，拯救中国虎国际基金会在南非成立了中国虎南非项目中心；同月，拯救中国虎国际基金会和中国虎南非项目中心与中国国家林业局野生动植物研发中心达成关于中国虎野放计划的协议。2003 年，拯救中国虎基金会开始与中华人民共和国林业总局合作，开始在南非进行保护华南虎的项目，2003 年 9 月将两头华南虎"国泰"和"希望"从中国输送到南非进行野化训练。2005 年 8 月 20 日，"希望"不幸死于肺炎和心脏衰竭。2004 年 10 月 29 日，两只中国虎崽"虎伍茨"和"麦当娜"由中国启程前往位于南非老虎谷保护区的中国虎野化基地。2006 年 2 月，"虎伍茨"和"麦当娜"被放入 42 公顷的营地学习独立捕猎，并取得成功。

老虎繁育项目

由于中国虎在野外已经不到 30 只，动物园里也只有约 60 只，拯救中国虎的另一项重要工作就是华南虎的繁育项目。2007 年 4 月，拯救中国虎在南非的老虎谷保护区建立了"邓永锵中国虎繁育中心"，该设施以呼吁者及繁育中心主要赞助人邓永锵先生的名字命名。之后，种虎"327"从苏州动物园来到南非，标志着繁育计划的开始。2007 年 11 月 23 日，"国泰"的第一只华南虎幼崽在南非降生，这不仅是拯救中国虎项目的第一次，更重要的是华南虎首次在国外降生。2008 年 3 月 30 日，"国泰"顺利地在自然条件下于南非老虎谷产下了她的第二胎，"国泰"开始自己抚养幼崽们，工作人员没有人工干预。2008 年 8 月 18 日，"麦当娜"第二次分娩，产下一公一母两只小虎。就像野生母虎一样，她在完全自然环境下自己抚养幼虎。

中国虎先锋保留地

中国虎先锋保留地的建立标志着中国虎保护模式的建立，即运用非洲的保护区管理和生态旅游专长建设中国的试点保留地，把中国本土的野生动物和作为旗舰物种的中国虎一同被重引入到恢复的本土栖息地里。中国虎的保护将在地方经济发展下得到加强，同时结合中国特有的文化传统进行有特色的生态旅游。2003 年 11 月，拯救中国虎国际基金会派出了第一批由很多知名生态学家组成的南非专家组对中国 4 个省的 10 个地区进行生态考察，以选出中国虎先锋保留地。2004 年 2 月，拯救中国虎国际基金会派出了由野生动物经济学家和南非政府自然保护官员组成的第二批南非专家考察队，对位于江西和湖南的前两名候选保留地进行考察。2006 年 4 月，中国国家林业局正式批准江西资溪和湖南浏阳作为中国虎先锋保留地，并开始为第一个中国虎先锋保留地募集资金，寻找投资人和赞助伙伴。

日本绿色地球网络组织

组织概况

　　1992 年 1 月，日本绿色地球网络组织筹备会启动，从事中日民间交流以及关注环境问题的人们会集一堂，共同讨论中国今后的环境问题以及对此应该采取的行动。1993 年 4 月，日本绿色地球网络组织正式成立。1999 年 6 月，

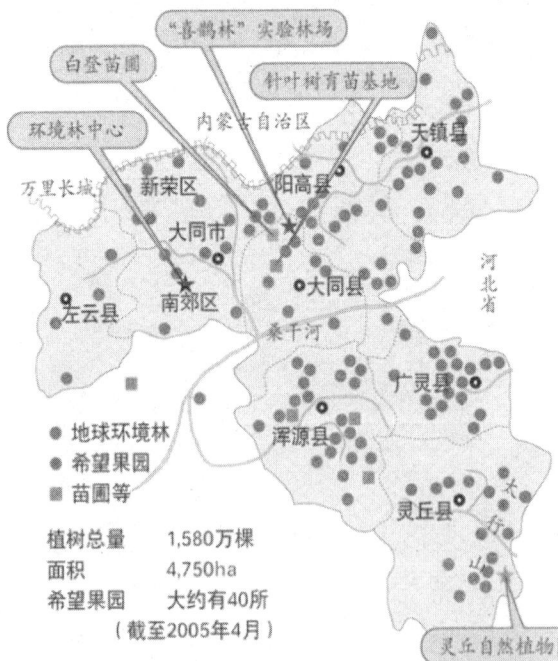

日本绿色地球网络组织在大同的绿化活动示意图

经过大阪政府的认证，日本绿色地球网络组织申请成为特定非盈利活动法人。

日本绿色地球网络组织的宗旨是"环境无国界"，致力于超越国界的民众合作，共同保护地球环境。

在中国的项目

日本绿色地球网络组织成立至今一直在中国沙漠化严重的黄土高原地区——山西省大同市开展绿化活动。1994 年 7 月，日本绿色地球网络组织设立了大同事务所，大同事务所每年设计新的项目，指导既定项目实施，管理绿化资金，接待日本植树团，运营和管理环境林中心和喜鹊林。2003 年开始，绿色地球网络大同市事务所脱离大同市青年联合会的管辖，接受大同总工会的指导。

1995 年，日本绿色地球网络组织在大同市南郊设立"环境林中心"，到2003 年，已经在 4000 公顷土地上培植了 1500 万株苗木，并派遣植树团，在专家的支持下，进行基地设施建设，建立自然植物园、实验林场等，内容渐渐丰富化。

1998 年，在立花代表的指导下，设立了灵丘自然植物园。2000 年，募集了 5 万日元，用于 1 公顷植树的资金。2001 年春天开始建设"杜鹃林"。

日本绿色地球网络组织 2001 年获中国政府颁发的"友谊奖"、大同市政府颁发的"环境绿化奖"，2003 年获日本朝日新闻社颁发的"走向明天环境奖"等。

韩国环境运动联合会

组织概况

　　韩国环境运动联合会，简称 KFEM，成立于 1982 年，是亚洲规模最大的民间环保组织，总部坐落在首尔西北部。韩国环境运动联合会是韩国最大的环保 NGO。截至 2006 年 6 月底，其在全国各地的支部已经有 51 个，会员 9 万人，这个数字是全国 51 个支部历年来累计发展的会员总数。

　　韩国环境运动联合会经过了一个发展过程，1982 年组成环保组织时，在社会上几乎没有反响，而现在它的规模是在 1988～1993 年五年间几个环保组织的合并下形成的。1988 年，韩国环境问题研究所与另外两家环境组织合并成为韩国反污染运动联合会，1993 年，韩国环境问题研究所和当地其他七家环境组织一起发起成立了韩国环境运动联合会。

　　韩国环境运动联合会成立后，第一任事务总长崔洌，就是促使 8 家组织联合起来的核心人物，他原是 8 家组织之一"结束公害联合"的领导人，更是韩国民间环保运动的先驱，也是富有影响力的社会活动家。因为崔洌，韩国环境运动联合会和韩国的民间环保的整个历史有了渊源。崔洌担任韩国环境运动联合会的事务总长将近 10 年之久，为组织打下了深深的崔氏烙印。凡略知韩国环境运动联合会者，无不知此公大名。此后崔洌改任共同代表，又改任顾问，逐渐退出韩国环境运动联合会的日常工作。

主要活动

　　韩国环境运动联合会最初的影响是从反对政府推进的大工程和大企业对环境造成的污染开始的，反对、预防和解决工业地区的污染是他们的主要事业。为此，韩国环境运动联合会发起了一起消费者抵制污染行业的活动，同时还继续反对韩国的核扩张政策。1994 年，韩国环境运动联合会成功地说服政府取消了在 Gulup 岛建设一个核废物处理设施的计划。自从 1992 年参加了在里约热内卢召开的联合国环境与发展大会后，韩国环境运动联合会越来越多地参与到全球环境问题中，如臭氧层的变薄、砍伐森林、生物多样性和气候变迁等。

　　目前韩国环境运动联合会关注几大环境热点：湿地保护，83% 的国民反对政府围海造田；反对在同江建设大坝，已经迫使政府停工；持续 15 年的反核运动，他们曾成功地阻止核电站的建设，但现在，他们面临着来自政府和企业的严重阻力；抗议境内 96 个驻韩美军基地的污水、噪音、填埋废弃物等污染。此外，他们还反对破坏环境、开展环境教育、对污染事件进行调查、向政府提建议、督促对污染立法、与国际合作、在网上示威、传播环保常识；等等。